园林中的景观与建筑设计

景观与建筑设计

范钦栋　著

U0340729

中国水利水电出版社
www.waterpub.com.cn

内 容 提 要

本书作为景观与建筑设计的研究型著作,共分七章,从园林与园林设计的基础知识出发,分别探讨园林中的景观要素、园林中景观设计的原则及美学形式、园林中的赏景与造景、园林中的种植设计、园林中的建筑设计,以及园林中的其他设计,包括地形与地面铺装、山石、水体、景观照明等的设计。全书内容丰富,着眼于实践,在最后的附录部分,精选典型的项目案例,对园林中的景观与建筑设计过程进行实践分析和解读。

图书在版编目(CIP)数据

园林中的景观与建筑设计 / 范钦栋著. -- 北京:
中国水利水电出版社,2015.1(2022.9重印)
 ISBN 978-7-5170-2868-0

Ⅰ.①园… Ⅱ.①范… Ⅲ.①景观设计-园林设计②
园林建筑-园林设计 Ⅳ.①TU986.2②TU986.4

中国版本图书馆CIP数据核字(2015)第013025号

策划编辑:杨庆川 责任编辑:陈 洁 封面设计:马静静

书 名	园林中的景观与建筑设计
作 者	范钦栋 著
出版发行	中国水利水电出版社
	(北京市海淀区玉渊潭南路 1 号 D 座 100038)
	网址:www. waterpub. com. cn
	E-mail:mchannel@263. net(万水)
	sales@ mwr.gov.cn
	电话:(010)68545888(营销中心)、82562819(万水)
经 售	北京科水图书销售有限公司
	电话:(010)63202643、68545874
	全国各地新华书店和相关出版物销售网点
排 版	北京鑫海胜蓝数码科技有限公司
印 刷	天津光之彩印刷有限公司
规 格	170mm×240mm 16 开本 11.75 印张 211 千字
版 次	2015年6月第1版 2022年9月第2次印刷
印 数	3001-4001册
定 价	47.00 元

前　言

随着我国社会、经济发展的不断深入,综合实力不断增强,园林设计越来越显示出其在城乡建设中的重要性。园林是指在一定的地域运用工程技术和艺术手段,通过改造地形(或进一步筑山、叠石、理水)、种植树木花草、营造建筑和布置园路等途径创作而成的美的自然环境和游憩境域。它不仅为城市居民提供了文化休息以及其他活动的场所,也为人们了解社会、认识自然、享受现代科学技术带来了种种方便,同时在美化城市面貌、平衡城市生态环境、调节气候、净化空气等诸多方面也有着积极的作用。

"园林中的景观与建筑设计"是园林学、景观学、建筑学、城市规划、环境艺术、园艺、林学、文学艺术等自然与人文科学高度综合的一门应用性学科。本书结合古今中外园林发展的脉络,以现代城市环境建设及社会需求为背景,对古典及现代园林景观与园林建筑的发展概况、赏景与造景手法、种植设计、建筑设计等进行了较为全面的论述,尤其适合园林景观初学者阅读学习。

本书内容分七章:第一章,讲述园林与园林设计的基础知识,包括园林的定义、类型,园林设计的概念、范围、特点、理念与原则,以及中西方园林设计的比较与相互影响;第二章,阐述园林中的景观要素,包括自然景观要素和历史人文景观要素;第三章,论述园林中景观设计的原则及美学形式;第四章,讲述园林中的赏景与造景,包括园林景观的赏景与造景手法、园林景观的分区、展示、立意、布局;第五章,专门论述园林中的种植设计,包括园林植物的功能、类型、种植方法、种植原则、种植设计;第六章,专门论述园林中的建筑设计,包括中西方古典及现代园林建筑的设计;第七章,补充园林中的其他设计,如地形与地面铺装、山石、水体、景观照明等的设计。最后,本书在附录部分从实际出发,精选典型的项目案例,对园林中的景观与建筑设计过程进行实践分析和解读,进一步论证本书的设计理念。

本书在写作中力求突出以下三点:第一,重点突出,以园林与园林设计的概念、组成要素、发展概况为铺垫,重点讲述园林中的景观设计与建筑设计;第二,形式新颖,采用文字与图片结合的形式,力求简洁、图文并茂;第三,通俗实用,采用认知过程的顺序组织内容,由易到难,由基础到实践,由一般问题到特殊问题,循序渐进、层层深入。

本书在撰写过程中,借鉴和参考了部分学者的理论成果,在章节和参考文献中已标明来源出处,在此对参考书目的作者表示衷心的感谢!本书的图片大部分来自作者近几年在国内外考察所拍摄的图片和部分学生的设计作业,少数的图片和设计案例是作者在平时搜集的教学资料,有的在参考文献中已标明出处,有的难以写出具体的来源,在此对原作者以及设计单位表示诚挚的谢意!

感谢河南省高校科技创新团队支持计划(14IRTSTHN028)、国家自然科学基金项目(51379078、51379079 和 51409103)对本书研究及出版的资助!

由于园林景观的实践范畴十分庞杂,加之作者水平有限,对书中可能存在的疏漏和不足之处,真诚欢迎各位专家、学者、同仁提出宝贵意见,以便日后进一步完善。

作者

2014 年 10 月

目　录

第一章　园林与园林设计

在漫长的发展历程中,园林不断被赋予新的内涵,它的概念也在更新之中。本章将从园林的定义与分类,园林设计的概念、范围与特点,园林设计的理念与原则,中西方园林设计的比较与相互影响入手,进行论述。

第一节　园林的定义与分类

一、园林的定义

园林,在中国古籍里根据不同性质也称作园、圃、苑、园亭、庭园、园池、山池、池馆、别业、山庄等,英美等国则称之为 Garden、Park、Landscape Garden、Ornamental horticulture。

依据篆体"园"字理解的含义为:"囗"表示围墙(人工构筑物);"土"表示地形变化;"口"是井口,代表水体;"衣"表示树木的枝杈。可以看出,在限定的范围中,通过对地形、水体、建筑、植物的合理布置而创造的可供欣赏自然美的环境综合体就是园林。

图 1-1　篆体"园"字

它们的性质、规模虽不完全一样,但都有着一个特点——在一定的地段范围内,利用并改造天然山水地貌或者人为开辟山水地貌,结合植物的栽植和建筑的布置,从而构成一个供人们观赏、游憩、娱乐、居住的环境。①

这样一个环境的创造过程(包括设计和施工在内)便可称之为造园或园林。《中国大百科全书·建筑园林·城市规划》对园林学这样下定义:"园林学是研究如何合理运用自然因素、社会因素来创造优美的生态平衡的人类生活境域的学科。"

二、园林的分类

(一)园林的分类体系

园林根据不同的角度有不同的分类方法。

1.按建筑的组合关系划分的园林

(1)规整式园林:皇家苑园,中轴线,左右均衡,几何对位。

(2)风景式园林:自由灵活,不拘一格,"虽由人作,宛自天开",精练概括,观天然风趣之美。天然风景缩到一个小范围内,以写意手法小中见大。

(3)混合式园林:规整式与风景式合在一起的形式,其中以颐和园、北海为典型。

(4)庭院式园林:以建筑从三面或四面围合。

2.按园林设施划分的公共园林

公共园林建筑在城镇之内的,称为群众游憩活动的地方,一般应有饮食服务、文化娱乐、体育设施等。

(1)街心花园、小游园:建置在林荫道或居住区道路的一侧或尽端,规模不大,可视为城市道路绿化的扩大部分。

(2)花园广场:即园林化的城市广场。

(3)儿童公园:专供少年儿童游乐的公园。

(4)文化公园:可进行综合性或单一文化活动的公园。

---

① 如果对园林作更深入的分析,园林虽然都以"供人们进行观赏、游憩、娱乐、居住等休闲活动"为主要功能,但在实现这一功能时,各个园林在提供休闲功能的价值上是有区别的。普通的宅旁花园之类的园林,仅仅具有改善生态环境和美化环境的功能,即只有生境(富有自然界的生命气息)和画境(园林要素具有符合形式美规律的艺术布局)两个层次。而像拙政园、网师园等我国的许多优秀园林,它们不仅具有生境、画境,而且还能通过诗情画意的融入、景物理趣的构思,表达出造园者对社会生活的认识理解及其理想追求。其园景除了具有一般外在的形式美之外,还蕴含着丰富深刻的内在思想内容。这类园林产生了第三层次的境界——意境。具有第三境界层次的园林称为狭义的园林。

(5)小区公园：建置在居住区内部、楼群中的庭院。

(6)体育公园：即园林化的群众体育活动场所。

3.按园林功能划分的公共园林

(1)动物园：展览动物的园林，如规模较小，可设置在公园内。

(2)植物园：展览植物的园林，还可分为花卉园、盆景园等。

(3)游乐园：进行各种特殊游戏或文娱活动的园林，此种游乐园现在发展得十分迅猛，全国各地都有。

(4)疗养园：供人们休息疗养的公园，如温泉公园等。

(5)纪念园：为纪念某一历史事件、人物、革命烈士而建置的园林。

(6)文物古迹园：全部或部分以古代文物建筑、园苑或遗址为主体的园林。

(7)庭园：公共建筑或住宅的内庭院、入口、平台、屋顶、室内等处所设置的水、石、植物美景等。

(8)宅园：主要是指中国四合院的内庭园、私家园林。

(9)别墅园：郊外的私家园林。

(二)现代公共园林分述

1.综合性公园

美国第一座城市大型综合性公园为纽约中央公园，现已成为公园的主要类型。在我国，比较典型的综合性公园有北京陶然亭公园(图 1-2)、上海长风公园、广州越秀公园。

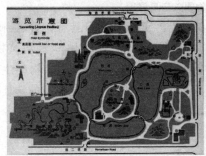

图 1-2　北京陶然亭公园

综合性公园面积大，有数十公顷至数百公顷。我国限定的范围是不小于 $10hm^2$，市区公园游人的人均占有面积以 $60m^2$ 为宜。其内容广泛而丰富，包括观赏、游览、文化、娱乐、体育、休憩以及面向儿童、老年人的内容等。综合性公园普遍具有明确的功能区域的划分，充分利用道路、交通将功能区形成有机的联系。同时针对游人多、游览时间长的特点具备更完善的服务设施。

大型的综合性公园有体育比赛的场地,有文化中心、娱乐中心、露天音乐厅、博物馆、展览馆、水族馆及大片的绿地,专辟的花卉展示区等。综合性公园往往成为一个城市或地区的象征,是市民活动的重要场所。

2. 植物园

植物园的历史最为渊远,我国公元前138年汉代的上林苑即具备了植物园的雏形。目前全世界有上千所植物园,著名的植物园有莫斯科植物园、英国邱园、柏林植物园、意大利比萨植物园、中国的昆明世界园艺博览园、北京植物园(图1-3)等。

图1-3 北京植物园入口鸟瞰图

植物园有综合性的与专业性的,在观光游览的基础上具有科普、科研、科学生产的多种功能,一般分为植物进化、地理分布、植物生态、经济植物、观赏植物、树木园以及园林艺术等。植物园的规划应充分考虑植物的生长与发育,具有充足清洁的水源,适宜的地形地貌、土壤、气候。公园的选址应为原生植物茂盛的区域。

3. 森林公园

美国是开发森林公园最早的国家,于1872年建立了第一个森林公园——黄石国家公园,我国的森林公园建设起步于20世纪80年代,目前已达到了300多处。

森林公园的面积一般为数百公顷至数千公顷,具有良好的生态环境与地形地貌特征。由于地域广阔、环境优美,森林公园具有野游、野营、野餐、森林浴、放牧、狩猎等极具特色的活动内容。

森林公园的规划设计要考虑林道交通的导向性,①以及森林公园封闭区与森林砍伐区的布局。② 森林公园中的林中空地要有高低起伏的林冠线与曲折、富于韵律感的林缘线,要形成向密林的自然过渡,为游人提供遮阴休憩的场所。林中可开辟透景线,形成前景、中景、远景的层次。居高地势可开辟眺望点,形成俯视森林,领略森林的整体美感。通过人工林的营造可以增强森林的季相感,以形成不同季节变化明显的景观效果。

4. 动物园

自 1829 年伦敦动物园建立,仅有 100 多年的历史,目前全世界有 900 多处。著名的动物园有柏林动物园、阿姆斯特丹动物园、伦敦动物园、东京上野动物园以及我国的北京动物园、广州动物园、上海动物园等。

动物园有城市动物园、人工自然动物园、专类动物园与自然动物园。③我国四川都江堰建立了全国最大的野生动物园,其中有大熊猫、金丝猴等10 多种珍稀动物。动物园主要按动物进化系统、动物原产地、动物的食性与种类三种类型规划布局。动物园已成为衡量一个国家文化教育与科学技术发展的标志之一。

5. 儿童公园

世界各地儿童公园已成为最普通的设施,其中包括综合性的儿童公园、专题特色的儿童公园、城区与居住区的儿童公园以及各种儿童游乐园。另外,很多其他类型的公园同时又具有园中园式的大小不同的儿童公园以及供儿童活动的场所。

儿童公园的选址应具有良好的生态空间、优美的自然环境、安全便利的交通设施,有供儿童活动的草坪、铺装与沙地。

儿童公园的建筑、各类小品、园路等应力求形象生动、造型优美、色彩鲜艳。

儿童公园的活动内容应涉及娱乐性、趣味性、知识性、科学性、教育性。

除以上介绍的几种类型的公园外,还有游乐园、体育公园、水上公园等

---

① 即具有观赏最典型景区的起承转合的程序,达到步移景异的效果;具有自然顺畅、回避险情、便于内外沟通的作用。

② 过于封闭,郁闭度过大,林间阴湿黑暗不利于停留与观赏;过于开敞,郁闭度过少,则缺少森林公园浓郁幽深的境界,适量的抚育间伐会使林中郁闭度适中。

③ 城市动物园动物种类丰富,多至千种以上,以兽舍和室外活动场地形式展出。人工自然动物园多位于城郊,种类少至几十种,以群养敞放的形式展示,富于自然情趣。专类动物园面积最小,展出富有地方特色的种类。而自然动物园的面积最为广阔,多在环境优美的自然风景保护区,游人乘车观赏野生动物。

多种类型的公园。

第二节　园林设计的概念、范围与特点

一、园林设计的概念及范围

园林艺术设计，顾名思义就是基于园林基础上发展起来的设计门类。它以园林为主要研究对象，主要研究如何对园林进行规划设计和造景布局。

园林设计主要包括园林的设计、园林绿地规划设计、城市景观规划设计、风景区规划设计、园林建筑设计、室内设计、风景园林工程设计等。

二、园林设计的特点

园林设计通常具有以下几个方面的特点。

（一）综合性强的特点

园林设计是一项综合性很强的工作，它的涉及面很广。一个园林设计工作者可能会遇到各种各样的设计任务。在园林设计时还会涉及建筑学、工程学、观赏树木学、花卉学、美学等各方面的知识。

（二）知识和技巧并重的特点

园林设计需要有知识和技巧两方面的准备，没有广泛的基础知识，就没有进行设计的基础；而没有一定的设计技巧，就无法将一定的设计资料、理论知识"转变"为有形体、有空间、实用、经济又美观的园林设计。此外，还需要在实践中进行长期的磨炼和积累，才能熟中生巧。

（三）形象推敲的特点

园林设计中各种矛盾的解决，设计意图的实现最后都将表现为图纸上的具体形象。所以园林设计主要不是一种逻辑的推理，而是一种形象的推敲。对形象的观察和感受能力，是学习园林设计所不可缺少的条件。

（四）相关知识的积累

园林设计和人们的社会生活息息相关，广泛的外围知识会对园林设计有很大的益处，应该抓住一切机会去观察周围的生活，留意它们和园林的关系。关于园林艺术的修养更要注意长期的、点滴的积累。在课堂中所能学到的东西是有限的,经常不断地观察、分析已有的园林,欣赏浏览古今中外的优秀作品都是一种无形的积累。对园林艺术规律的吸收和理解如果没有大量的感性认识作为基础,几乎是不可能的。艺术上的许多规律都是互通的,对于其他艺术类别,如音乐、文学、美术等的爱好和钻研,对提高艺术修养也是十分有益的。

第三节 园林设计的理念与原则

一、园林设计的理念

设计理念对设计方案是十分重要的,它是指导园林设计整体方向的具体操作依据。园林设计理念主要受以下几个因素的影响。

(一)地域及环境的影响

地域的特点主要表现在自然地理区域的特征,其中包括地貌、气候、水系等。地貌的变化与土壤地质和生物关联,高山、峡谷、沙漠条件比较苛刻;而气候关乎温度、湿度、降水,特别是温度,极端最高、最低温度的持续时间会决定植物是否能生长;水系包括河湖、沼泽、冰川、瀑布、蓄洪等。由于这些地域的特殊的条件,就使得各区域的大地景观出现了很大的差异,在园林上也各有不同,可见表1-1不同地域特征的园林设计。

表 1-1 不同地域特征的园林设计

不同的地域	不同地域特征的园林设计
埃及	埃及气候条件特殊,尼罗河每年7月到11月定期泛滥,将肥沃的土壤冲来,地形就会发生变化,树木只能在高台地上生长,稀疏的树林遮挡了灼热的阳光,因此对于热带沙漠的埃及来说,就十分珍惜树木。由于地块被冲,需要重新丈量土地,因而宅园以长方形最为方便于重建。
印度	印度是热带气候,自古以来就有寻求凉爽的愿望,尽管水及凉亭也能实现这一目的,但设计者们还是以树木在庭园中创造更多的浓荫。他们比较喜欢开花的树木,对花草并不重视,只在水池中种莲花。
意大利	意大利全境有五分之四为山岳地带。北部山区属温带大陆性气候,半岛和岛屿属亚热带地中海气候,雨量较少。夏季在谷地和平原上闷热难耐,而在丘陵上白天有凉爽的海风,晚上也有来自山林的冷气流,这一地理、地形的特点,是意大利台地园形成的重要原因之一。

不同的地域	不同地域特征的园林设计
中国	我国自然地理特征变化很大,各处大地景观迥异,园林面貌也有诸多不同。在东北大地的中部平原低平坦荡,周围山环水绕,冬季酷寒,冰雪满地,植物生长期约4~5个月,植物以针叶树为主。在长城以南,秦岭以北,温度变化属温带型,四季分明,植物分布大部分是夏绿林,也有一部分属亚高山针叶林。在长江以南至秦岭的地区,分布的是最丰富的古老型的亚热带植被。东南沿海、南海诸岛、云南南部为热带型,雨多湿度大,气温最高在6月。青海、西藏及云贵高原温度年变曲线与长江流域颇近似,最高见于7月至8月,最低见于1月,起伏不大,只绝对值较低。我国的气候由北向南、由东向西逐渐变化,跨越温热两大气候带,形成气候复杂的特点,具有多样的气候类型。

在同一地域,具体建园的地点不同,也会产生不同形式的园林。

北京西郊一带皇家的"三山五园"(玉泉山、香山、万寿山、静明园、静宜园、清漪园、圆明园、畅春园),位于京城的"上风上水"区,地势优越,造园基础十分得当。

苏州城内众多的私家园林,位于富庶之区,气候宜人,水资源丰富,是享受"城市山林"之美的理想之地。

文艺复兴以后,意大利在山坡上建造露台式别墅,从16世纪前半叶到18世纪末,庞德曾列出了70座形式各异,各有特色的别墅。

设计理念牵涉时代背景、文化哲学思想、民族文化传统和地域环接特征,它是政治、经济、文化和哲学的综合体,既有文化哲学内容又有经济技术内容。以致它是从开始到终结始终指导全面城市园林规划和某项具体园林设计的实施方略,成败关键也在于此。

(二)文化与民族的影响

1. 西方文化哲学对园林设计理念的影响

西方不同国家文化哲学对园林设计理念的影响,可见表1-2。

表 1-2　西方不同国家文化哲学对园林设计理念的影响

西方不同国家	西方不同国家文化哲学对园林设计理念的影响
法国	法国文化哲学的代表人物是笛卡尔,笛卡尔认为:人类先天地具有善于判断而辨别其真伪的能力,这种能力属于人的本性或人性的主要组成部分。他主张单凭理性、思想、观念便可得出正确判断,只有理性可靠,理性本身不可能发生错误。他把数学、特别是几何学方法提升为哲学的认识论和方法论。路易十四深受笛卡尔哲学的影响,他坚信逻辑、推理与思辨的效用。他相信只要有足够的理智、实践和时间,几乎没有解决不了的问题。从凡尔赛宫苑的规划、建造方式上可以明显地感受到这种思维态度的影响。 笛卡尔对理性的强调,有助于清除中世纪流传下来的迷信,但与此同时却排斥社会实践和感觉经验,尤其是他承认"君权神授"合乎理性。在这种思想影响下,好大喜功的路易十四以古罗马帝国极盛时期为榜样,不仅使政治、法律效仿罗马,还要求宫廷文化艺术的贵族审美趣味也继承罗马传统。君主被看成理性的化身,所以,园林的建造要以颂扬君主为主要和最高任务。
英国	英国文化哲学的代表人物为肯特、勃朗和卢梭。 肯特(William Kent)是布里奇曼的后继人,他在改建司维笃园时,就抛弃了几何形体的直线路线。他认为自然是憎恶直线条的,要用无目标的向四方盘绕的曲折的苑路,来代替几何或直线道路。 肯特的弟子勃朗(Lancelat Brown)改建原有的园林时,曾破坏了不少的古老的树林,把过去的台地改造成起伏的地形,把成排的树木砍伐,他改造的园林有不少成功之处,但缺点也不少。 18 世纪下半叶,英国风景式造园思想传播到法国,18 世纪欧洲最伟大的思想家之一——卢梭,发出了"回归大自然"的呐喊,在他所著《新爱洛绮丝》中,描写了日内瓦湖畔的自然式庭园,是他幻想的实施。

2. 中国文化哲学对园林设计理念的影响

中国古典园林崇尚自然的特点,来源于中国古代哲学中对自然的认识。它直接、形象、生动地表现出了高度的自然精神境界。

在我国祖先和外部自然界生存、交往的悠久历史中,形成了特有的宇宙观,与西方文明中人与自然及自然与人的对立与互动,也就是人是征服自然、利用自然、自然与人处在对立面上的这种观念截然不同。①

我国的传统文化以儒家的思想为代表。其对外部世界主张自然和谐，强调辩证思维作用，可以从中找到很多理论依据。虽然在儒家思想中，没有一个现成的概念或范畴，接近现在所讲的"自然"，而其中所说的天、地、万物，天、地、人等的总和，约略相当我们现在所讲的自然概念，其朴素的语言，准确概括性的提示，还是有相当价值的。如《国语·郑语》中有"和实生物，同则不继"的说法，比较准确地概括了生物与环境之间的物质循环过程。

儒家有自己特色的自然保护理论，如《荀子·王制》：

"草木荣华滋硕之时，则斧斤不入山林，不夭其生，不绝其长也；鼋鼍鱼鳖鳅鳣孕别之时，罔罟毒药不入泽，不夭其生，不绝其长也；春耕、夏耘、秋收、冬藏，四者不失时，故五谷不绝，而百姓有余用也；汗池渊沼川泽，谨其时禁，故鱼鳖优多而百姓有余用也；斩伐养长不失其时，故山林不童而百姓有余材也。"

《中庸》中也有对自然保护的意见："得中和，天地位焉，万物育焉。"得中和就可以达到人和自然的协调。也就是"天人合一"。儒家有"草木零落，再入山林"的保护山林资源的思想；有保护水资源的思想："泥井不食，旧井无禽"、"往来井井"；在保护土地资源方面有：土地"深相（掘）之而得甘泉焉，树之而五谷蕃焉，草木植焉，禽兽育焉，生则立焉，死则入焉。"（《荀子·尧问》）儒家的思想对处理人和自然的关系时要人们"戡天"，不要盲目地去破坏自然，而是要顺应自然规律，使之为人所利用。即"禹疏九河"，"掘地而注之海"。《孟子·告之下》："禹之治水也，水之道也，是故禹以四海为壑。"

3. 民族文化传统对园林设计理念的影响

每个民族由于所处地理环境、生产方式不同，以致价值观念、思维方式、审美情趣由于民族之间文化的碰撞、交流有一定的融合，但各民族之间仍然存在着差异性，特别是有些民族文化特色非常鲜明，这也是世界文化中的珍宝，见表1-3。

---

① 美国利学家 R. A. 尤利坦在《中国传统的物理和自然观》一文中说："当今科学发展的某些倾向所显露出来的统一体的世界观特征，并非同中国的传统无关。完整地理解宇宙有机体的统一性、自然性、有序性、和谐性和相关性是中国自然哲学和科学千年探索的大目标。"

表 1-3　不同民族文化传统对园林设计的影响

不同民族	不同民族文化传统对园林设计的影响
德国	德国哲学家李凯尔特(Rickert,Heinrich)在寻求自然科学和历史科学之间的区别时,强调历史依赖于人类对以往经验的价值判断。认为科学是研究自然的,而历史所涉及的则是属于"精神"的题材。属于"精神"的题材就是文化。自然与文化各有其范围。
日本	日本明治维新早期(1868年)所谓向西方学习,西方启蒙精神领袖福泽谕吉振臂高呼:"一切以西方为目标"。向欧洲派出了大量考察人员和优秀学生。回来后一时西方哲学浪潮席卷了整个日本,特别是"欧洲各种激进思想学派"对日本社会构成了明显威胁。日本政治家、首相伊藤博文于1879年9月向天皇报警:"欺诈往往得手,逐利不以为耻……道德崩坏,世风日下……人心激动,行为放荡。"他提出的维新主张主要是鼓励学习西方的工业技术,致力于实际目标,不要"养成浅薄激动的习惯"。此后在园林上也一改全面学习西方的做法,将园林中一些大草坪又改回原来的日本传统形式。二条城内的园林就有改造后的痕迹。所以民族之间这种不加消化提高而生硬的结合就不可能取得好的效果。
中国	中国的农耕文化与北亚的游牧文化之间也有过交换,譬如战国时代发展的骑术及窄衣短袖的服装,即取自于北方民族,中国的丝织品与工业技术当然也传入北亚。公元1世纪前后,东汉明帝时,佛教从印度传入我国,"塔"也应运而生,而中国的佛塔又和传统的楼阁台榭结合起来,有人认为中国的楼阁式塔是楼阁上加一个印度的墓塔而成。

(三)时代的影响

每个时代都会产生与其相应的园林,人们的宇宙观、审美观的变化,总要通过具体的形式才能表现出来。从园林这种由多种物质元素组成的三维空间艺术,就能表现得很具体。在中外历代的造园史中都有充分的表现。

1. 中国不同时代对园林设计理念的影响

中国不同时代对园林设计理念的影响,可见表1-4。

表 1-4 中国不同时代对园林设计理念的影响

中国不同时代	不同时代对园林设计理念的影响
古代	中国古代,孔子讲:"智者乐水,仁者乐山。知者动,仁者静。"表示出从这时起,人们开始努力在山川之美与士大夫人格价值间建立某种直接联系。
秦汉	到了秦代,宫室壮丽,驰道通天下,有着突出的象征意义。汉代表现帝王之尊,"天子以四海为家,非壮丽无以重威德。"
魏晋南北朝	魏晋南北朝三百六十多年大混乱的时代,知识分子玩世不恭、愤世嫉俗。老庄所标榜无为而治、崇尚自然和隐逸的思想对园林产生了很大的影响。佛教重来生出世思想,也使得群众性的野游活动——修禊开始流行。陶渊明的《饮酒》:"采菊东篱下,悠然见南山",闲远自得之意,超然邈出宇宙之外。"久在樊笼里,复得返自然",在大自然里感到生命价值之所在,随之"归园田居"。王羲之的《兰亭集序》中表达的"崇山峻岭,茂林修竹""清流激湍""天朗气清、惠风和畅",让人领悟到宇宙的无穷,其深意还在于对士大夫生命和人格价值的珍视,成为这个时代文化的标志。园林是人们宇宙观念的艺术模型。
唐代	盛唐时的园林在空间艺术上已达到"以小观大"的水平。"壶中天地"作为中唐以后的基本空间原则,即"巡回数尺间,如见小蓬瀛",一直延续到两宋时代。
宋代	苏轼诗:"不作太白梦日边,还同乐天赋池上。池上新年有荷叶,细雨鱼儿睑轻浪……此池便可当长江,欲榜茅斋来荡漾。"

2. 西方不同时代对园林设计理念的影响

西方不同时代对园林设计理念的影响,见表 1-5 所示。

表 1-5 西方不同时代对园林设计理念的影响

西方不同时代	不同时代对园林设计理念的影响
中世纪	中世纪的欧洲园林,先为教会和僧侣所掌握,成为寺院式园林。在诺曼人入侵英格兰后,他们不满足于撒克逊人居住的木屋;而开始建造城堡式住宅,城堡内除了宅邸部分即为庄园,城堡庄园成为一种形式。

西方不同时代	不同时代对园林设计理念的影响
文艺复兴	14世纪的诗人但丁(Dante,1265—1321年)在《神曲》中表现了抗议教会的偏见,赞扬了自由意识和探究精神,号召人们享受现实世界的一切欢乐,为意大利文艺复兴奠下了基础。阿尔伯蒂(Alberti)是位伟大的艺术家,在所著《论建筑》中,曾讨论到别墅和庄园的设计问题,他认为别墅式官邸要表现得优美、愉快,要有开朗的厅堂,所采用的线条应是严格整齐、合乎比例的。
法国大革命	17世纪下半叶法国路易十四统治时期,法国成为欧洲军事上最强大的国家,发动了一系列的战争,打了不少胜仗,成为欧洲大陆的盟主。路易十四踌躇满志,他认为是上帝委托他来挽救法兰西的,他效仿古罗马恺撒大帝和埃及法老,认定自己是拯救法兰西的救星,自封为"太阳王"。凡尔赛宫苑的规划设计,从总体的巨大尺度及放射大道的采用,到局部的主景阿波罗(太阳神)喷泉的设置,都无不体现着这一中心立意。
现代工业化时期	国外著名的"八大公害"事件的发生,以及沙漠化日益严重,森林遭到严重砍伐,饮水资源越来越少,盲目捕捞破坏渔业资源,大气"温室效应"加剧等问题,使人们日益重视生态环境问题。1969年美国风景园林师麦克哈格(I. L. Mcharg)发表了《设计结合自然》(Design with Nature),提出了以生态原理作为各项建设的设计和决策的依据。1972年6月5日联合国邀请了58个国家的152位专家,在瑞典首都斯德哥尔摩召开了《人类环境会议》。环境问题被与会各国代表认为是人类面临的重大问题,这是继哥白尼首次认识地球是围绕太阳转动的一个行星之后,人类对地球认识史上又一次飞跃。会议通过了"人类环境宣言",宣布"只有一个地球",指出"人类既是它的环境的创造物,又是它的环境的创造者"。

二、园林设计的原则

(一)功能性原则

园林设计首先要遵守功能性的原则。任何一个城市的人力、物力、财力和土地都是有限的,如果无限制地增加投入,一味追求豪华气派,不切实际,那样会造成很大的浪费,甚至还会产生视觉污染。

在园林植物配置时,很多情况下植物都在执行一定的功能。例如在进行高速公路中央分隔带的园林设计时,考虑到减少夜间车辆眩光的影响,引导司机视线,提高行车速度和确保行车的安全和舒适,选择枝密叶茂,株高在1.5m以上的花灌木,并且植株应该以均匀的方式排列,确保防眩效果。

(二)生态化的原则

园林设计要遵守生态化的原则,生态化原则的实现,主要有以下几个方面的方法。

(1)充分利用当地的物产材料,石材、竹木等,能体现当地的风土人情和风俗习惯。

(2)提炼精华,把文化加以发扬和传承,延续历史文脉。

(3)种植具有浓郁地方特色的乡土植物,养育适合地方气候的动物,促进生态平衡。

(4)多考虑园林景观细节,比如尽量减少铺地材料的使用面积,以尽可能地保留可渗透性的土壤,恢复雨水的天然路径,为地下水提供补给;另一方面也可以延缓雨水进入地表河渠的时间,减轻雨季市政管道排放压力以及降低河道洪峰,这都是遵循生态设计原则的体现。

综上所述,要提高园林景观环境质量,在做园林设计时就要把生态学原理作为其生态设计观的理论基础,并将此融汇到园林设计中的每一个环节,才能达到生态的最大化,给人类一个健康的、绿色的、环保的、可持续性的栖息家园。

(三)经济安全性的原则

经济性是通过就地取材,因地制宜,结合自然,不需要耗费很多人工来改造自然,并最终达到"虽由人作,宛自天开"的最高艺术境界。例如,水景的设置一定要事先考虑其使用后的运营成本和维护费用,避免只注重视觉的形式美,追求高档次、豪华,与自然背道而驰,而不顾工程的投资及日后的管理成本。

安全性是园林设计不容忽视的重要原则,没有安全性,园林设计的功能性和审美性就成为空谈。比如,景观结构的牢固性能、所用材质的健康环保性能、与人接触的设施部位没有伤害和刺激性能等。

(四)人性化的原则

园林设计的人性化原则,需要设计者从以下几个方面出发去进行。

(1)要根据使用者的年龄、文化层次和喜好等自然特征,如根据老年人喜静、儿童好动来划分功能分区,以满足使用者不同的需求。

(2)要注重细节,如踏步、栏杆、扶手、坡道、座椅、人行道等的尺度和材质的选择等问题是否能满足人的生理层次的需求。近年来,国际上无障碍设计得到广泛使用,如广场、公园等公共场所的入口处都设置了方便残疾人的轮椅车上下行走及盲人行走的坡道。[①]

(3)要掌握心理审美知识,根据使用者的心理需求来设计景观设施,如公园里座椅的安排,仅仅考虑它的材质和高度等已不能满足人的需求,同时还要考虑座椅靠背的朝向、座椅长度等特性。比如,人都有喜欢看别人而不被人看的心理,所以朝向的问题也十分关键。

另外,在北方园林设计中,供人使用的户外设施材质的选择要做到冬暖夏凉,这样才不会失去设置的意义。

(五)可持续发展的原则

可持续发展是园林设计中非常重要的一个原则,遵守这一原则,可通过以下几个方面来实现。

(1)材料的选择和运用,要尽可能是再生原料,并注意循环使用和能源的消耗,尽量减少废弃物。

(2)最大限度地保留当地的文化特点,虽做不到万无一失,但要尽量避免破坏。

(3)对于水景的设计,要做好经济、生态的可行性评估,且注意前瞻性和预见性。

(4)能够科学、合理、可行地预测未来发展动态,对于未来的改进工作要留有足够的空间和发挥的余地;设计交付使用后,仍需要加强对项目的修改工作,处理好交付使用后的一些具体安排。

(六)地域文化保护的原则

俞孔坚教授曾指出设计应根植于所在的地方,这句话道出了保护地域文化的重要性。园林场地所在地域的自然与文化遗产,自然发展过程格局与自然和文化特征,都使新的规划与设计留有不可抹去的痕迹,作为设计者要尊重这种文化的烙印,以原生文化为基础,把场地的性质、特征、价值等作为设计规划的前提和主要因素,设计中无论从规划布局、建筑单体、景观环

---

① 但目前我国园林设计在这方面仍不够成熟,如一些公共场所的主入口没有设置坡道,这样对残疾人来说极其不方便,要绕道而行,更有甚者就是没有设置坡道,这些设计也就更无从谈人性设计观了。

境、细部构造的设计上均要立足于本土文化、因地制宜,以表现地域文化的独特景观魅力,反映不同地域的人文背景为最终目的。

(七)艺术性原则

艺术性原则是园林设计中更高层次的追求,它的加入使景观相对丰富多彩,也体现出了对称与均衡、对比与统一、比例与尺度、节奏与韵律等艺术特征。如抽象的园林小品、雕塑耐人寻味;有特色的铺装令人驻足观望;现代的造园手法和景观材料,塑造既延续历史文脉风貌,又具有高效、有序、便捷、时尚的都市开放空间,同时新材料、新技术的应用,超越传统材料的限制条件,达到只有现代园林设计才能具备的质感、色感、透明度、光影等时代艺术特征。所以,通过艺术设计,可以使功能性设施艺术化。

对于现代园林设计师来说,应积极主动地将艺术观念和艺术语言运用到园林设计中去,在园林设计的艺术中发挥它应有的魅力。

(八)创新性原则

创新性是对设计者提出的更高要求。在园林设计中,要强调培养创造性思维方式。创造性思维方式建立的关键是挖掘创造性和个性的表达能力,创造性是艺术思维中的较高思维层次,也是比较艰苦和困难的思维设计过程。但是成功的园林设计作品,必定是富有创新特色的设计作品。

目前,很多城市的园林设计都是千篇一律的模式,没有鲜明的设计特色和个性语言。所以设计者必须具有独特性、灵活性、敏感性、发散性的创新思维,从新方式、新方向、新角度来处理景观的空间、形态、形式、色彩等问题,给人们带来崭新的思考和设计观点,从而使园林设计呈现多元化的创新局面。

第四节　中西方园林设计的比较与相互影响

一、中西方园林设计之比较

(一)中西方园林设计的风格形式呈现

1. 中国园林设计的风格形式呈现

中国园林造园手法的灵感来源于大自然,追求天然美感是中国园林的基本特征,它强调自然美,其次是人工美,但同时它又把自然美与人工美高度地结合在一起,把艺术和现实巧妙地融合在一起,在考虑观赏性的同时也加入了园林的实用功能,既可行可游,又可坐可居,是人与自然关系最完美的诠释,这就是我们经常提起的"虽由人作,宛自天开"。

中国园林在造园的原则上最忌讳见棱见角、一览而尽的表现手法,中国园林的布局总是运用一些欲扬先抑、曲径通幽、高低错落、疏密有致的造园手法,要求园林要庭院重深,处处虚邻,空间上讲究"隔景""借景""对景""藏景"等艺术手法处理,要求循环往复,无穷无尽,在有限的空间里营造出无限的意趣。

2. 西方园林设计的风格形式呈现

西方园林的设计不同于中国,其布局形式源自古希腊发展的几何学,它深受数理主义美学的影响,排斥自然的组合方式,力求体现严谨的理念,一丝不苟地按几何结构进行设计布局,追求园林布局的几何图案化(如图1-4),所以我们可以在西方园林的布局中轻松地看到透视点,而在中国园林中是很难看到这一点的,这可能也就是透视学首先在西方产生的一个原因。

图1-4　美国国会大厦以轴线为主的几何化构图手法

总结起来,西方园林有这样几个特点:园林建筑在园林中起着主导的地位;整体布局体现严格的几何图案,在道路的设计上基本采用直线;草坪布置面积极大,以"绣毯"的形式出现;追求整体对称和园林的一览无余;在园林的设计手法上追求写实主义。

(二)中西方园林设计的风格特点比较

中西方园林设计的风格特点之比较主要体现在以下几个方面。

布局上,中国园林艺术风格为生态型自由式,西方园林艺术风格为几何形规则式。

空间上,中国园林艺术风格假山起伏,西方园林艺术风格草坪铺展。

道路上,中国园林艺术风格迂回曲折、曲径通幽,西方园林艺术风格为轴线笔直式林荫大道。

建筑上,中国园林艺术风格是建筑与园林融为一体,西方园林艺术风格为建筑统帅园林。

树木上,中国园林艺术风格高低错落、疏密得当,西方园林艺术风格整齐对称。

花卉上,中国园林艺术风格盆栽花坛、重姿态,西方园林艺术风格图案花卉,重色彩。

水景上,中国园林艺术风格静态水景、溪池滴泉,西方园林艺术风格动态水景、喷泉瀑布。

雕塑上,中国园林艺术风格大型整体假山,西方园林艺术风格具象雕塑(人物、动物)。

风格上,中国园林艺术风格文人的诗情画意,西方园林艺术风格骑士的罗曼蒂克。

二、中西方园林设计的相互影响

世界各国文化自古就是相互影响、相互融合的,中国园林对世界园林的影响可以追溯到隋唐时期。中国唐代是一个开放度极高的时代,世界各地的人群都聚集到唐朝的首都及各地,唐朝的文化就此被传到了世界各地,其中经过《马可·波罗游记》的宣传,很多西方国家开始了解中国文化,一些欧洲人开始仰慕中国的宫廷和园林的壮美。随着时间的推移,越来越多的西方人来到中国,并且把中国文化图文并茂地加以展现,让世界认识到前所未有的高水平的中国文化,使世人惊奇并折服。

中国园林艺术对西方园林艺术的影响,可简要做如下论述。

(一)中国园林设计对英国园林设计的影响

英国是最早受到中国园林文化影响的西方国家,早在18世纪初期,英国就开始探索中国园林的形式并加以模仿,朝着自然式园林的方向发展,它抛弃了绣毯式植坛、笔直的林荫大道、方正的水池,最大的突破就是摒弃了延续千年的几何图案和对称图形的布局形式。众所周知的高尔夫运动就是在这个时期慢慢兴起的,这与自然式园林在英国产生及发展有着密不可分的关系,但究其根本,无论是英国自然式园林,还是高尔夫运动,其鼻祖都在中国。但总而言之,西方学习的是中国园林的"形",而中国园林真正的文化和灵魂是西方无法模仿的。

(二)中国园林设计对法国园林设计的影响

18世纪,英国的自然风景式园林在欧洲开始盛行,并随着英国不断的海外扩张而远播世界各地,法国当然也不会例外。英国园林的造园艺术传到法国,法国人称之为"英中式园林",法国在受到"英中式园林"影响的同时,也受到了中国文化的直接影响。法国画家王致诚以神父的身份来到中国,目睹了大量的中国园林艺术,并参与绘制《圆明园四十景》,在给法国朋友的书信中,他描述中国园林"人们所要表现的是天然朴素的乡村,而不是按照对称和比例规则来安排园林宫殿"。还有法国文学大师雨果对圆明园(图1-5)的崇高评价:

"在世界的某个角落,有一个世界的奇迹,这个奇迹叫圆明园。请您想象有一座言语无法形容的建筑,某种恍如月宫的建筑,这就是圆明园。请您用大理石、玉石、青铜、瓷器造一个梦,用雪松造它的屋顶,给它上上下下缀满宝石,披上绸缎,这儿建神庙,那儿建宫殿、造城楼,里面放上神像、异兽,饰以珐琅、黄金,施以脂粉,请同是诗人的建筑师建造一千零一夜的一千零一个梦,再填上一座座花园,一方方水池,一眼眼喷泉,加上成群的天鹅、朱鹮和孔雀,总而言之请假设人类幻想的某种令人眼花缭乱的洞府,其外貌是神殿,是宫殿,那就是这座名园。"

雨果对中国园林的赞美与向往,亦是法国人对中国园林的赞美与向往,于是法国造园家们开始纷纷效仿中国园林的造园手法。而早在1670年,在凡尔赛宫附近就建造了一座中式建筑"蓝白瓷宫",凡尔赛宫可以代表法国最高的园林艺术,是里程碑式的建筑园林,是欧洲园林的典范,有人将这看作是中国园林艺术在法国的胜利标志。

图1-5　圆明园全景复原图

第二章　园林中的景观要素

园林中的景观要素,主要包括自然景观要素和人文景观要素两个方面。现代一些学者认为,景观是指土地以及土地上的空间和物质所构成的综合体。我国作为一个山川秀丽、风景宜人且历史悠久的国家,有着丰富的自然景观和人文景观。本章就对这些景观要素进行深入的探讨和研究。

第一节　自然景观要素

一、山岳景观要素

山岳都是经过漫长而复杂的地质构造作用、岩浆活动变质作用与成矿作用才得以形成我们现在看到的形形色色变化奇特的岩体。[①]

(一)山岳景观的特征举要

1. 雄壮之美

雄壮即雄伟、壮丽,有着雄壮之美的山岳景观往往会引起人们的赞叹、震惊、崇敬和愉悦。例如泰山(图 2-1),以"雄"见称。汉武帝游泰山时曾赞曰:"高矣、极矣、大矣、特矣、壮矣。"

2. 秀丽之美

秀丽之美,即山峦色彩葱绿,有着盎然的生机、别致的形态和柔美的线条。例如峨眉山,以"秀"驰名,其海拔虽高,但并不陡峭,全山山势蜿蜒起伏,线条柔和流畅,给人一种甜美、安逸、舒适的审美享受。除此之外还有黄山的奇秀、庐山的清秀(图 2-2)、雁荡山的灵秀、武夷山的神秀。

---

① 据统计,地壳中的岩石不下数千种,按成因可以分为火成岩、沉积岩以及变质岩三大类,其中最易构景的有花岗岩、玄武岩、页岩、砂岩、石灰岩、大理岩等少数几种。不同的岩石由于其构成成分的差异,有的不易风化和侵蚀,一直保持固有状态,有的又极易风化而形成各种特征迥异的峰林地貌,这才使得作为大地景观骨架的山岳形态各异。再加之树木花草、云霞雨雪、日月映衬,这才使得山岳景观呈现出雄、险、奇、秀、幽、旷、深、奥的丰富形象特征。

图 2-1 壮美泰山

图 2-2 秀丽庐山

3. 险峻之美

险峻之美,即山岳经常是坡度很大的山峰峡谷。例如华山(图 2-3),以"险"著称,仰观华山,四壁陡立,奇险万状,犹如一方天柱拔起于秦岭诸峰之中。

4. 幽深之美

幽深之美,即山岳景观常有崇山深谷、溶洞悬乳,加之繁茂的乔木和灌木,纵横溪流,形成迂回曲折之妙,无一览无余之坦。幽深之美在于深藏,景藏得越深,越富于情趣和优美。例如四川青城山(图 2-4),其幽深的意境美,使人感到无限的安逸、舒适、悠然自得。

图 2-3　险峻华山

图 2-4　幽深青城山

5. 奇特之美

奇特之美,即山岳景观给人以其出人意料的形态和巧夺天工而非人力所为的感叹。例如黄山(图 2-5),以"奇"显胜,奇峰怪石似人似兽,惟妙惟肖。

图 2-5　奇特黄山

（二）火成岩

火成岩地质景观火成岩又称为岩浆岩，它是由岩浆冷凝固结而成。[1]其中与山岳景观关系最为密切的是侵入岩类的花岗岩与喷出岩类的玄武岩。

1. 花岗岩

花岗岩由于其表层岩石球状风化显著，还可形成各种造型逼真的怪石，具较高的观赏价值。著名的有海南的"天涯海角""鹿同头""南天一柱"（图2-6）；浙江普陀山的"师石"；辽宁千山的"无根石"；安徽天柱山的"仙鼓峰"和黄山的"仙桃石"等。

2. 玄武岩

玄武岩是岩浆喷出地表冷凝而成的基性火成岩，常呈大规模的熔岩流，玄武岩的景观特点是由火山喷发而形成的奇妙的火山口。其熔岩流形态优美，如盘蛇似波浪。我国黑龙江五大连池就是典型的玄武岩火山熔岩景观（图2-7）。

---

[1]　岩浆是处于地下深处(50～250 km)的一种成分非常复杂的高温熔融体。它可因构造运动沿着断裂带上升，在不同的地方凝固。若侵入地壳上层则成为侵入岩，若喷出地表则成为喷出岩或火山岩。

图 2-6　海南的"南天一柱"

图 2-7　五大连池玄武岩火山熔岩景观

我国西南部景色秀丽的峨眉山,其山体顶部大面积覆盖的也是玄武岩,称"峨眉山玄武岩"。

(三)沉积岩

在沉积岩的造景山石中,最具特色的要数红色钙质砂砾石、石英砂岩和石灰岩构成的景观。

1. 红色钙质砂砾石

我国南方红色盆地中沉积着厚达数千米的河、湖相沉积红色沙砾岩层,简称红层。由于红层中氧化铁富集程度的差异,使得这些岩石外表呈艳丽的紫红色或褐红色,构成所谓的"丹霞地貌"景观,在我国南方众多的丹霞景观中,数广东仁化县的丹霞山和福建武夷山(图2-8)最负盛名。

图2-8　武夷山丹霞地貌

2. 石英砂岩

石英砂岩层理清晰。岩层大体呈水平状,层层叠叠给人以强烈的节奏感。岩石硬度大,质坚硬而脆。在风化侵蚀、搬运、重力崩塌等作用下岩层沿着节理不断解体,留下中心部分的受破坏力最小的岩核,即形成千姿百态的峰林景观。我国最典型的石英砂岩景区是湘西张家界国家森林公园(图2-9),它以"奇"而著称天下,被誉为自然雕塑博物馆,其景区内石英砂岩柱峰有几千座,千米以上柱峰几百座,变化万端,栩栩如生。

图2-9　张家界石英砂岩柱峰

3. 石灰岩

石灰岩是一种比较坚硬的岩石,但是它具有可溶性,在高温多雨的气候条件下经岩溶作用,形成千姿百态的岩溶景观,如石林、峰林、钟乳石、溶洞、地下河等景观。岩溶地貌,也叫喀斯特地貌(图2-10),其特征是奇峰林立、洞穴遍布。19世纪中叶,最初的喀斯特地貌研究始于喀斯特原为南斯拉夫西北部,因而得名。

图 2-10　喀斯特地貌

以地表为界,喀斯特地貌又可分为地上景观和地下景观两部分。地上通常有孤峰、峰丛、峰林、洼地、丘陵、落水洞和干谷等特征景观,而地下溶洞中最常见的则是石钟乳、石笋、石幔、地下暗河等景观。

我国也是喀斯特地貌分布较广的国家,主要分布于广东西部、广西、贵州、云南东部以及四川和西藏的部分地区,其中以云南石林和桂林山水最为典型。

(四)变质岩

变质岩地质景观在地壳形成和发展过程中,早先形成的岩石,包括沉积岩、岩浆岩,由于后来地质环境和物理化学条件的变化,在同态情况下发生了矿物组成调整、结构构造改变甚至化学成分的变化,而形成一种新的岩石,这种岩石被称为变质岩。例如我国的梵净山[①],其出露于群峰之巅,巍峨壮观,在风化、侵蚀等外力作用下,造就了无数奇峰怪石,如"鹰嘴岩"(图2-11)"蘑菇岩""冰盆""万卷书"等。

---

① 其他著名的变质岩山岳景观还有江苏孔望山、花果山,浙江南明山等。

图 2-11　梵净山"鹰嘴岩"

二、水域景观要素

按照水域形态的不同可以分为江河景观、湖泊景观、岛屿景观和海岸景观。

（一）江河景观

江河景观包括：瀑布景观、峡谷景观、河流三角洲景观。

1. 瀑布景观

瀑布为河床纵断面上断悬处倾泻下来的水流，瀑布融形、色、声之美为一体，表现力独特。瀑布因不同的地势和成因，有壮美和优美之分。壮美的瀑布气势磅礴，似洪水决口、雷霆万钧，恢宏壮丽；优美的瀑布水流轻细、瀑姿优雅，朦胧柔和。丰富的自然瀑布景观是人们造园的蓝本，它以其飞舞的雄姿，给人带来"疑是银河落九天"的抒怀和享受。

瀑布展现给人的是一种动水景观之美，几乎所有山岳风景区都有不同的瀑布景观，如庐山三叠泉、九寨沟的多悬瀑布（图 2-12）等。

此外，我国著名的瀑布有广西德天瀑布、黄河壶口瀑布、云南九龙瀑布、四川诺日朗瀑布、贵州黄果树瀑布。

图 2-12   九寨沟瀑布

2. 河流三角洲景观

三角洲是河流携带大量泥沙倾泻入海,所形成近似三角形的平原。三角洲景观河道开阔,水流缓慢,地势平坦,土地肥沃,鱼鸟繁盛,物产富庶,是人类聚衍的最佳选择地。黄河三角洲景观是我国著名的河流三角洲景观,黄河经过长途跋涉,静静地流淌在三角洲大平原上,慢慢地注入海洋的怀抱,金黄色的水流伸展在海面上,形成蔚为壮观的黄河入海口景观。

3. 峡谷景观

峡谷①是全面反映地球内外力抗衡作用的特征地貌景观,是江河上最迷人的旅游胜境,江面狭窄。峡谷水流湍急,中流砥柱,两岸的造型地貌,把游人引入仙幻境界。著名的长江三峡(图 2-13)就是高山峡谷景观的代表。②

---

①   其成因有传统地质学上的地壳升降学说和新兴的大陆板块碰撞学说所引起的造山运动,而冰雪流水等外力又不断将山脉刻蚀切割,形成了谷地狭深、两壁陡峭的地质景观。

②   三峡奇观形成主要有两大原因,一是地壳抬升,造山运动使得巫山山脉和四川盆地不断抬高;二是滔滔不绝的长江水流的冲刷、雕刻、切割,形成了深达几百米的峡谷。另外,浙江新安江、富春江的风光,翠山层叠,碧水穿山,虽然没有长江三峡雄伟、湍急、奇险,但基本景观结构上是相似的,又因地处江南,植被茂盛,葱绿满山,带来更多的清秀之美,历来倍受文人雅客的青睐。

图 2-13　长江三峡

（二）湖泊景观

湖泊是大陆洼地中积蓄的水体,其形成必须有湖盆水的来源,按湖盆的成因分类主要有:

1. 构造湖景观

构造湖景观陆地表面因地壳位移所产生的构造凹地汇集地表水和地下水而形成的湖泊。其特征是坡陡、水深、长度大于宽度,呈长条形。这类湖泊常与隆起的山地相伴而生,山湖相映成趣,著名的有:鄱阳湖(图 2-14)、庐山、滇池与西山、洱海与苍山等。

图 2-14　鄱阳湖

2. 泻湖景观

海岸线受着海浪地冲击、侵蚀,其形态由平直变成弯曲,形成海湾,海湾口两旁往往由狭长的沙咀组成;狭长的沙咀愈来愈靠近,海湾渐渐地与海洋失去联系,而形成泻湖。此类湖原系海湾,后湾口处由于泥沙沉积而将海湾与海洋分隔开而成为湖泊,如著名的太湖、西湖[1](图 2-15)等。

图 2-15　杭州西湖

3. 岩溶湖景观

岩溶湖景观为岩溶地区的溶蚀洼地形成的湖泊,如风光迷人的路南石林(图 2-16)中的剑池。

图 2-16　路南石林

---

[1]　约在数千年前,杭州的西湖还是与钱塘江相连的一片浅海海湾,以后由于海潮和河流挟带的泥沙不断在湾口附近沉积,使海湾与海洋完全分离,海水经逐渐淡水化才形成今日的西湖,并与周边的山地构成湖光山色的优美景色。

4. 冰川湖景观

冰川湖是由冰川挖蚀成的洼坑和水碛物堵塞冰川槽谷积水而成的一类湖泊。冰川湖形态多样,岸线曲折,大都分布在古代冰川或现代冰川的活动地区。主要分为冰蚀湖和冰碛湖两类。冰蚀湖是由冰川侵蚀作用所形成的湖泊。冰川在运动中不断掘蚀地面,造成洼地,冰川消融后积水成湖。北美、北欧有许多著名的冰蚀湖群,北美"五大湖"(苏必利尔湖、休伦湖(图2-17)、伊利湖、安大略湖、密执安湖)是世界上最大的冰蚀湖群;北欧芬兰有大小湖泊六万多个,被誉为"千湖之国",大部分都是冰川侵蚀而成。

图 2-17　休伦湖

我国西藏也有许多冰蚀湖。冰碛湖是由冰川堆积作用所形成的湖泊。冰川在运动中挟带大量岩块和碎屑物质,堆积在冰川谷谷底,形成高低起伏的丘陵和洼地。冰川融化后,洼地积水,形成湖泊。新疆阿尔泰山西北部的喀纳斯湖是较著名的冰碛湖。

5. 人工湖景观

气象万千的浙江千岛湖(图2-18)是1959年我国建造的第一座自行设计、自制设备的大型水力发电站——新安江水力发电站而拦坝蓄水形成的人工湖,因湖内拥有1078座翠岛而得名。千岛湖是长江三角洲地区的后花园,它以多岛、秀水、"金腰带"为主要特色景观。湖区岛屿星罗棋布,姿态各异,聚散有致。周围半岛纵横,峰峦耸峙,水面分割千姿百态,宛如迷宫,并以其山青、水秀、洞奇、石怪而被誉为"千岛碧水画中游"。

图 2-18　千岛湖

（三）海岸景观

海岸由于处于不同的位置、不同的气候带、不同的海岸类型，便形成了类型不同、功能各异的旅游胜地，其主要类型有：沙质海滩景观、珊瑚礁海岸景观、基岩海岸景观、海潮景观和红树林海岸景观。

1. 沙质海滩景观

滨海风光和海滩浴场是最具魅力的游览地。最佳的浴场要求滩缓、沙细、潮平、浪小和气候温暖、阳光和煦，如青岛海滨和浙江普陀千步沙。

2. 珊瑚礁海岸景观

珊瑚礁海岸是在海岸边形成庞大的珊瑚体，呈现众多的珊瑚礁和珊瑚岛，岛上热带森林郁郁葱葱，景色迷人。如海南岛珊瑚岸礁，其中南部鹿回头岸礁区是著名的旅游地。

3. 基岩海岸景观

由坚硬岩石组成的海岸称为基岩海岸。我国东部多山地丘陵，它延伸入海，边缘处顺理成章地便成了基岩海岸。它是海岸的主要类型之一。基岩海岸常有突出的海岬，在海岬之间，形成深入陆地的海湾。岬湾相间，绵延不绝，海岸线十分曲折。基岩海岸在我国都广有分布，其中，第一、第二大岛的台湾岛和海南岛,其基岩海岸更为多见。①

4. 海潮景观

海潮景观由于地球受到太阳、月球的引力作用而形成海洋潮汐。我国最著名的海潮景观为浙江钱塘江涌潮(图 2-19),是世界一大自然奇观。它是天体引力和地球自转的离心作用,加上杭州湾喇叭口的特殊地形所造成的特大涌潮,潮头可达数米,海潮来时,声如雷鸣,排山倒海,犹如万马奔腾,蔚为壮观。②

图 2-19　钱塘江涌潮

5. 红树林海岸景观

红树林海岸是生物海岸的一种。红树植物是一类生长于潮间带(高潮位和低潮位之间的地带)的乔灌木的通称,是热带特有的盐生木本植物群丛。红树林酷似一座海上天然植物园,主要分布在我国华南和东南的热带、亚热带沿岸。其中最为著名的是海南岛琼山东寨港的红树林。

---

①　"惊涛拍岸,卷起千堆雪",宋代诗人苏东坡咏赤壁的千古绝唱,今天看来显然用错了地方,如果用它来描写基岩海岸似乎更为恰当。它轮廓分明,线条强劲,气势磅礴,不仅具有阳刚之美,而且具有变幻无穷的神韵。

②　观潮始于汉魏(公元 1—6 世纪),盛于唐宋(公元 7—13 世纪),历经 2000 余年,已成为当地的习俗。尤其在中秋佳节前后,八方宾客蜂拥而至,争睹钱江潮的奇观,盛况空前。距杭州 50km 的海宁盐官镇是观潮最佳处。

（四）岛屿景观

散布在海洋、河流或湖泊中的四面环水、低潮时露出水面、自然形成的陆地叫岛屿。彼此相距较近的一组岛屿称为群岛。由于岛屿给人带来神秘感，在现代园林中的水体中也少不了聚土石为岛，既增加了水体的景观层次又增添了游人的探求情趣。从自然到人工岛屿，有著名的哈尔滨的太阳岛、青岛的琴岛、威海的刘公岛、厦门的鼓浪屿、太湖的东山岛。

三、生物景观要素

生物包括动物、植物和微生物三大类。作为景观要素的生物则主要是指的植物——森林、树木、花草，及栖息于其间的动物和微生物（大型真菌类）。其中动物和植物是广泛使用的园林景观要素。本书将注重论述的是动物和植物景观。

（一）动物景观

1. 动物景观的特征举要

动物是园林景观中活跃、有生气、能动的要素。有以动物为主体的动物园，或以动物为景观的景区。动物是活的有机体，它们既有适应自然环境、维持其遗传性的特点，又能适应新的生存条件。[①]

动物景观的特征主要体现在以下几个方面。

（1）奇特性特征

动物在形态、生态、习性、繁殖和迁徙活动等方面有奇异表现，游人通过观赏可获得美感。无脊椎动物中以外形取胜的珊瑚、蝴蝶，脊椎动物中千姿百态的鱼、龟、蛇、鸟类、兽类[②]等都极具观赏性。

（2）珍稀性特征

我国有许多动物，诸如熊猫、金丝猴、东北虎、野马、野牛、麋鹿、白唇鹿、中华鲟、白鳍豚、扬子鳄、褐马鸡、朱鹮等都是世界特有、稀有的，甚至是濒于绝灭的。这些动物由于"珍稀"，往往成为人们注目的焦点。不少珍稀鸟兽，如金钱豹、斑羚、猪獾、褐马鸡、环颈雉等，是公园景观中的亮点，既可吸引游

---

① 许多人工兴建的动物园，让动物在人工创造的环境或模拟那种动物生态条件的环境中生存和繁衍，以适应旅游观览活动的要求，是动物被人类饲养、驯化以组合造景的具体表现。

② 鸟类、兽类是最重要的观赏动物，它们既可供观形、观色、观动作，还可闻其声，获得从视觉到听觉的多种美感体验。

客,又是科普教育的好题材。

(3)娱乐性特征

动物景观还具有娱乐性特征,某些动物会在人工饲养、驯化条件下,模拟人类的各种动作或在人的指挥下做出某些可爱、可笑的"表演"动作等。

2. 动物景观的类别划分

动物地理学把全球陆地划分为六个动物区系(界)。我国东南部属东洋界,其他地区属古北界,由于地跨两大区系,因此,动物种类繁多。仅以保护动物为例,我国的东北地区有东北虎、丹顶鹤;西北和青藏高原有黄羊、鹅喉羚羊、藏原羚、野马、野骆驼;南方热带、亚热带地区有长臂猿、亚洲象、孔雀;长江中下游地带有白鳍豚、扬子鳄,等等。我国候鸟资源亦十分丰富,雁类多达 46 种,其中最著名的是天鹅。青海湖鸟岛、贵州威宁草海等是著名的鸟类王国,也构成了著名的自然生态奇观。

(二)植物景观

植物景观是指由各种不同树木花草,按照适当的组合形式种植在一起。经过精心养护后形成的具有季相变化的自然综合体。植物作为园林景观元素中的一项重要组成部分,能使园林空间体现出生命的活力。

1. 植物景观的类别划分

园林植物就其本身而言是指有形态、色彩、生长规律的生命活体,而对景观设计者来说,在实际应用中,综合了植物的生长类型的分类法则、应用法则,通常把园林植物作为景观材料分成乔木、灌木、草本花卉、藤本植物、草坪以及地被六种类型。每种类型的植物构成了不同的空间、结构形式,这种空间形式或是单体的,或是群体的。

2. 植物在园林景观中的应用

(1)乔木在景观中的应用

乔木具明显主干,因高度之差常被细分为小乔木(高度 5～10m)、中乔木(高度 10～20m)和大乔木(高度 20m 以上)三类。然其景观功能都是作为植物空间的划分、围合、屏障、装饰、引导以及美化作用。

另外,乔木中也不乏美丽多花者,如木棉、凤凰木、林兰等,其成林景观或单体点景实为其他种类所无法比及的。

(2)灌木在景观设计中的应用

高大灌木因其高度超越人的视线,所以在景观设计上,主要用于景观分隔与空间围合,对于小规模的景观环境来说,则用在屏蔽视线与限定不同功能空间的范围。

(3)藤本植物在景观设计中的应用

藤本植物多以墙体、护栏或其他支撑物为依托,形成竖直悬挂或倾斜的竖向平面构图,使其能够较自然地形成封闭与围合效果,并起到柔化附着体的作用,并通过藤茎的自身形态及其线条形式延伸形成特殊的造型而实现其景观价值。

(4)花卉植物在景观设计中的应用

草本花卉的主要观赏及应用价值在于其色彩的多样性,而且其与地被植物结合,不仅增强地表的覆盖效果,更能形成独特的平面构图。大部分草本花卉的视觉效果通过图案的轮廓及阳光下的阴影效果对比来表现,故此类植物在应用上注意体量上的优势。①

(5)草坪及地被植物在景观设计中的应用

草坪原为地被的一个种类,因为现代草坪的发展已不容忽视地使其成为一门专业,所以草坪特指以其叶色或叶质为统一的现代草坪。而地被则指专用于补充或点衬于林下、林缘或其他装饰性的低矮草本植物、灌木等,其显著的特点是适应性强。草坪和地被植物具有相同的空间功能特征,即对人们的视线及运动方向不会产生任何屏蔽与阻碍作用,可构成空间自然的连续与过渡。

四、天文、气象景观要素

借景是中国园林艺术的传统手法。借景手法中就有借天文、气象景物一说。天文、气象包括日出、日落、朝晖、晚霞、圆月、弯月、蓝天、星斗、云雾、彩虹、雨景、雪景、春风、朝露等。

(一)日出、晚霞、月影景观

观日出,不仅开阔视野,涤荡了胸襟,振奋了激情,而且加深了人和大自然的关系。高山日出,那一轮红日从云雾岚霭中喷薄而出,峰云相间,霞光万丈,气象万千;海边日出,当一轮红日从海平线上冉冉升起,水天一色,金光万道,光彩夺目。多少流芳百世的诗人,在观赏日出之后,咏唱了他们的

---

① 为突出草本花卉量与图案光影的变化,一方面要利用艺术的手法加以调配,另一方面要重视辅助的设施手段。在城市景观中经常采用的方法是花坛、花台、花境、花带、悬盆垂吊等,以突出其应用价值和特色。

真感和真情。[①]

　　同观日出一样，看晚霞也要选择地势高旷、视野开阔且正好朝西的位置。这样登高远眺，晚霞美景方能尽眼底。日落西山前后正是观晚霞最为理想的时刻。

　　"白日依山尽""长河落日圆"之后便转换到了以月为主题的画面。西湖十景中的"平湖秋月""三潭印月"；燕京八景中的"卢沟晓月"；避暑山庄的"梨花伴月"；无锡的"二泉映月"；西安临潼的"骊山晚照"；桂林象鼻山的"水月倒影"等，月与水的组合，其深远的审美意境，也引起人的无限遐思。

（二）云海景观

　　云海是指在一定的条件下形成的云层，并且云顶高度低与山顶高度，当人们在高山之巅俯视云层时，看到的是漫无边际的云，如临大海之滨，波起峰涌，浪花飞溅，惊涛拍岸。其日出和日落时所形成的云海五彩斑斓，称为"彩色云海"，最为壮观。在我国著名的高山风景区中，云海似乎都是一大景观。峨眉山峰高云低，云海中浮露出许多山峰，云腾雾绕，宛若佛国仙乡；黄山自古就有黄海之称，其"八百里内形成一片峰之海，更有云海缭绕之"的云海景观是黄山第一奇观。

　　庐山流云如瀑，称为"云瀑"。神女峰的"神女"，在三峡雾的飘流中时隐时现，更富神采。苍山玉带云，在苍山十几峰半山腰，一条长达百余公里的云带，环绕苍翠欲滴的青山，美不胜收。

（三）雨景、雪景、霜景景观

　　雨景也是人们喜爱观赏的自然景色。下雨时的景色和雨后的景色都跃然纸上。川东的"巴山夜雨"、蓬莱的"漏天银雨"、济南"鹊华烟雨"、贵州毕节"南山雨霁"、羊城"双桥烟雨"、河南鸡公山"云头观雨"、峨眉"洪椿晓雨"等都是有名的雨景。

　　冰、雪奇景发生于寒冷季节或高寒气候区。这些景观造型生动、婀娜多姿。特别是当冰雪与绿树交相辉映时，景致更为诱人。黄山雪景，燕山八景之一的"西山晴雪"、九华山的"平冈积雪"、台湾的"玉山积雪"、千山龙宗寺的"象山积雪"、西湖的"断桥残雪"等都是著名景观。

　　花草树木结上霜花，一种清丽高洁的形象会油然而生。经霜后的枫林，

---

　　① 北宋诗人苏东坡咏道："秋风与作云烟意，晓日能令草木姿。"南宋诗人范成大在诗中这样写道："云物为人布世界，日轮同我行虚空。"现代诗人赵朴初诗："天著霞衣迎日出，峰腾云海作舟浮。"

一片深红,令人陶醉。"江城树挂"乃北方名城吉林的胜景之一,松针上的霜花犹如盛放的白菊,顿成奇观。

第二节　历史人文景观要素

一、文物景观

(一)文物景观类别简述

1. 石窟景观

我国现存有历史久远、形式多样、数量众多、内容丰富的石窟,是世界罕见的综合艺术宝库。其上凿刻、雕塑着古代建筑、佛像、佛经故事等形象,艺术水平很高,历史与文化价值无量。

2. 碑刻、摩崖石刻景观

碑刻是文字的石碑,各体书法艺术的载体。摩崖石刻,是刻文字的山崖,除题名外,多为名山铭文、佛经经文。

3. 壁画景观

壁画是绘于建筑墙壁或影壁上的图画。我国很早就出现了壁画,古代流传下来的如山西繁峙县岩山寺壁画,金代1158年开始绘于寺壁之上,为大量的建筑图像,是现存的金代的规模最大、艺术水平最高的壁画。影壁壁画著名的如北京北海九龙壁(清乾隆印间建),上有九龙浮雕图像,体态矫健,形象生动,是清代艺术的杰作。

4. 雕塑艺术品

雕塑艺术品是指多用石质、木质、金属雕刻各种艺术形象与泥塑各种艺术形象的作品。古代以佛像、神像及珍奇动物形象为数最多,其次为历史名人像。我国各地古代寺庙、道观及石窟中都有丰富多彩、造型各异、栩栩如生的佛像、神像。

珍奇动物形象雕塑,自汉代起至清代古典景园中就作为园林景观点缀或一景观。宫苑中多为龙、鱼雕像,且与水景制作相结合,有九龙形象,如九龙口吐水或喷水;也有在池岸上石雕龙头像,龙口吐水入池的。

5.其他文物景观

其他文物景观主要包括诗词、楹联、字画以及出土文物和工艺美术品。

中国风景园林的最大特征之一就是深受古代哲学、宗教、文学、绘画艺术的影响,自古以来就吸引了不少文人画家、景观建筑师以至皇帝亲自制作和参与,使我国的风景园林带有浓厚的诗情画意。诗词楹联和名人字画是景观意境点题的手段,既是情景交融的产物,又构成了中国园林景观的思维空间,是我国风景园林文化色彩浓重的集中表现。

出土文物和工艺美术品主要指具有一定考古价值的各种出土文物。

(二)著名文物景观类别举例

著名文物景观类别举例,可见表2-1。

表 2-1 著名文物景观类别举例

文物景观类别	著名文物景观类别举例
石窟	闻名世界的石窟有甘肃敦煌石窟(又称莫高窟),从前秦(336)至元代,工程延续约千年;山西大同云周山云冈石窟,北魏时开凿,保存至今的有53处,造像5100余尊,以佛像、佛经故事等为主,也有建筑形象;河南洛阳龙门石窟,是北魏后期至唐代所建大型石窟群,有大小窟龛2100多处,造像约10万尊,是古代建筑、雕塑、书法等艺术资料的宝库;甘肃天水麦积山石窟,是现存唯一自然山水与人文景观结合的石窟。其他还有辽宁义县万佛龛石窟、山东济南千佛山、云南剑川石钟山石窟、宁夏须弥山石窟、南京栖霞山石窟等多处。
碑刻、摩崖石刻	著名的碑刻有泰山的秦李斯碑,岱顶的汉无字碑,岱庙碑林,曲阜孔庙碑林,西安碑林,南京六朝碑亭,唐碑亭以及清代康熙、乾隆在北京与游江南所题御碑等。陕西华阴市华山西岳庙内的古碑,有汉代"西岳华山庙碑"、后周"华山庙碑"等。著名的摩崖石刻是山东泰山摩崖石刻,被誉为我国石刻博物馆。山下经石峪有"大字鼻祖"(金刚经)岩刻,篇幅巨大,气势磅礴;山上碧霞元君祠东北石崖上刻有唐玄宗于书(纪泰山铭)全文,高13m多,宽5m余,蔚为壮观。山东益都云门山崖高数丈的"寿"字石刻,堪称一字摩崖石刻之最。

文物景观类别	著名文物景观类别举例
壁画	著名的壁画有云南昭通市东晋墓壁画和泰山岱庙正殿天贶殿宋代大型壁画。云南昭通市东晋墓壁画在墓室石壁之上绘有青龙、白虎、朱雀、玄武与楼阙等形象及表现墓主生前生活的场景，是研究东晋文化艺术与建筑的珍贵艺术资料；泰山岱庙正殿天贶殿宋代大型壁画（泰山神启跸回銮图），全长62m，造像完美、生动，是宋代绘画艺术的精品。
雕塑艺术品	举世闻名的雕塑艺术品，如四川乐山巨形石雕乐山大佛，唐玄宗时创建，约用90年竣工，通高71m、头高14.7m、头宽10m、肩宽28m、眼长3.3m、耳长7m；北京雍和宫木雕弥勒佛立像，全身高25m，离地面高18m。 珍奇动物形象雕塑，如保存至今的西安临潼华清池诸多龙头像。
其他	其他文物景观如著名的有秦兵马俑（陕西秦始皇陵）、古齐国殉马坑（山东临淄）、北京明十三陵等地下古墓室及陪葬等。

二、名胜古迹景观

名胜古迹是指历史上流传下来的具有很高艺术价值、纪念意义、观赏效果的各类建设遗迹、建筑物、古典名园、风景区等。一般分为古建筑、古代建设遗迹、古工程及古战场、古典名园、风景区等。

（一）古建筑景观

1. 古代宫殿建筑景观

世界多数国家都保留着古代帝皇宫殿建筑，而以中国所保留的最多、最完整，大都是规模宏大的建筑群。例如，北京明、清故宫，原称紫禁城宫殿，现在为故宫博物院（图2-20），是中国现存规模最大、保存最完整的古建筑群。沈阳清故宫，是清初努尔哈赤、皇太极两代的宫殿，清定都北京后为留都宫殿，后又称奉天宫殿，建筑布局和细部装饰具有民族特色和地方特色，建筑艺术上体现了汉、满、藏艺术风格的交流与融合。

图 2-20　故宫

2. 亭台楼阁建筑景观

亭台最初与园林景观并无联系,后为园林景观建筑景观,或作景园主体成亭园、台园。台,初为观天时、天象、气象之用,比亭出现早。如,殷鹿台、周灵台及各诸侯的时台,后来遂作园中高处建筑,其上亦多建有楼、阁、亭、章等。现今保存的台,如北京居庸关云台。现今保存的亭著名的有浙江绍兴兰亭、苏州沧浪亭、安徽滁州醉翁亭(图 2-21)、北京陶然亭等。

图 2-21　醉翁亭

楼阁,是宫苑、离宫别馆及其他园林中的主要建筑,还有城墙上的主要建筑。现今保存的楼阁,多在古典园林景观之中,也辟为公园、风景、名胜区。例如,江南三大名楼,安徽当涂的太白楼,湖北当阳的仲宣楼以及江苏扬州的平山堂,云南昆明大观楼,广州越秀山公园内望海楼等。

3. 宗教与祭祀建筑景观

(1)宗教建筑

宗教建筑,因宗教不同而有不同名称与风格。我国道教最早,其建筑称宫、观;东汉明帝时(1世纪中期)佛教传入中国,其建筑称寺、庙、庵及塔、坛等;明代基督教传入中国,其建筑名教堂、礼拜堂;还有伊斯兰教、喇嘛教的清真寺、庙等。①

我国不同宗教建筑景观举例,见表2-2。

表 2-2　我国不同宗教建筑景观举例

不同宗教类别	不同宗教类别建筑景观举例
佛教	现存最多有佛教四大名山寺:山西五台山大显通寺、佛光寺,四川峨眉山报国寺、伏虎寺,浙江普陀山三大禅林(普济寺、法雨寺、慧济寺),安徽九华山四大丛林(祗园禅寺、东岩精舍、万年寺、甘露寺)。唐代四大殿:山西天台庵正殿、五台县佛光寺大殿、南禅寺大殿、芮城县五龙庙正殿,全为木构建筑。还有河南少林寺,洛阳白马寺,杭州灵隐寺,南京栖霞寺,山东济南灵岩寺,四川乐山凌云寺,北京潭柘寺、大觉寺,也很著名。山西浑源县恒山悬空寺,建在进山入口的石门峪悬崖峭壁之上,悬挑大梁支撑着大小40余座殿宇,可谓世界建筑史上的绝妙奇观。 西藏喇嘛教有拉萨大昭寺,唐初藏王松赞干布创建为宫廷教堂,17世纪大规模扩建,为喇嘛庙,大殿中心部分还有唐代建筑痕迹,其建筑、绘制风格融汉、印度、尼泊尔艺术为一体。
道教	如四川成都青羊宫,青城山三青殿,山西永济市(令迁芮城县)永乐宫,河南登封中岳庙,山东崂山道观,江苏苏州玄妙观(三清殿)等。
伊斯兰教	如陕西西安清真寺及其他各地的清真寺等。

(2)祭祀建筑

祭祀建筑在我国很早就出现了,称庙、祠堂、坛。纪念死者的祭祀建筑,皇族称太庙,名人称庙,多冠以姓或尊号,也有称祠或堂。

---

① 与宗教密切相关的各种形式、各种规模的寺塔、塔林,我国现存的也很多,著名的有西安慈恩寺塔(俗称大雁塔),河北定县开元寺塔,杭州六和塔,苏州虎丘塔、北寺塔,镇江金山寺塔,常熟方塔,上海龙华塔,松江兴圣教寺塔。最高为四川灌县奎光塔,共17层,小型的如南京栖霞寺舍利塔。还有作景观的塔,如北京北海公园内白塔、扬州瘦西湖的白塔、延安宝塔。塔林,如河南少林寺的塔林等。

祭祀建筑,以山东曲阜孔庙历史最悠久、规模最大,从春秋末至清代,历代都有修建、增建,其规模仅次于北京的故宫,是大型古祠庙建筑群,其他各地也多有孔庙或文庙。其次为帝皇新建太庙,建于都城(紫禁城)内,今仅存北京太庙(现为北京劳动人民文化宫)。为名人纪念性的祠庙,如有名的杭州岳王庙、四川成都丞相祠(祀诸葛亮)、杜甫纪念堂等。

(3)祭坛建筑

纪念活着的名人,称生祠、生祠堂。另有求祈神灵的建筑,称祭坛,也属祭祀建筑。我国自古保存至今的宗教、祭祀建筑,多数原本就与景园一体,少数开辟为园林景观,都称寺庙园林景观;也有开辟为名胜区的,称宗教圣地。

祭坛建筑,如北京社(土神)稷(谷神)坛(今在中山公园内)、天坛(祭天、祈丰年)。天坛是现今保存最完整、最有高度艺术水平的优秀古建筑群之一,主体为祈年殿,建在砖台之上,结构雄伟,构架精巧,有强烈向上的动感,表现出人与天相接的意向。

4. 名人居所建筑

古代及近代历史上保存下来的名人居所建筑,具有纪念性意义及研究价值,今辟为纪念馆、堂,或辟为园林景观。古代的名人居所建筑,如成都杜甫草堂,浙江绍兴明代画家徐渭的青藤书屋,江苏江阴明代旅游学、地理学家徐霞客的旧居,北京西山清代文学家曹雪芹的旧居等。

近代的名人居所建筑,如孙中山的故居、客居,有广东中山市的中山故居、广州中山堂、南京总统府中山纪念馆等。至于现代,名人、革命领袖的故居更多,如湖南韶山毛泽东故居,江苏淮安周恩来故居等,也多为纪念性风景区或名胜区。

5. 古代民居建筑

我国是个多民族国家,自古以来民居建筑丰富多彩,经济实用,小巧美观,各有特色,也是中华民族建筑艺术与文化的一个重要方面。古代园林景观中也引进民居建筑作为景观,如乡村(山村)景区,具有淳朴的田园、山乡风光,也有仿城市民居(街景)作为景区的,如北京颐和园(原名清漪园)仿建苏州街。

现今保存的古代民居建筑形式多样,如北方四合院、延安窑洞、华南骑楼、云南竹楼、蒙古的蒙古包(图 2-22)、广东客家土楼(圆形)等。安徽徽州及陕西韩城党家村明代住宅,是我国现存古代民居中的珍品,基本为方形或矩形的封闭式三合院。

图 2-22　蒙古包建筑

6. 古墓、神道建筑

古墓、神道建筑指陵、墓(冢、茔)与神道石人、兽像、墓碑、华表、阙等。陵,为帝王之墓葬区;墓,为名人墓葬地;神道,意为神行之道,即墓道。墓碑,初为木柱引棺入墓穴,随埋土中,后为石碑,竖于墓道口,称神道碑,碑上多书刻文字,记死者事迹功勋,称墓碑记、墓碑铭,或标明死者身份、姓名,立碑人身份、姓名等。华表,立于宫殿、城垣、陵墓前的石柱,柱身常刻有花纹。阙,立于宫庙、陵墓门前的舣柱,陵墓前的称墓阙。神道、墓碑、华表、阙等都为陵、墓的附属建筑。现今保存的古陵、墓,有都具备这些附属建筑的,也有或缺的,或仅存其一的。

古代著名的皇陵、神道建筑举例,可见表 2-3。

表 2-3　古代著名的皇陵、神道建筑举例

古代皇陵建筑举例	陕西桥山黄帝陵、临潼秦始皇陵与兵马俑墓、兴平汉武帝的茂陵、乾县唐高宗与武则天合葬的乾陵;南京牛首山南唐二主的南唐二陵;河南巩义市嵩山北的术陵(为北宋太祖之父与太祖之后七代皇帝的陵墓,是我国古代最早集中布置的帝陵);南京明太祖的明孝陵;北京明代十三陵(是我国古代整体性最强、最善利用地形、规模最大的陵墓建筑群);沈阳清初的昭陵(俗称北陵,为清太宗皇太极之墓,其神道成梯形排列,利用透视错觉增加神道的神秘感,很富有特色);河北遵化市清东陵(为顺治、康熙、乾隆、咸丰、同治五帝及后妃之陵);河北易县清西陵(为雍正、嘉庆、道光、光绪四帝之陵)。
神道建筑举例	山东曲阜孔林、安徽当涂李白墓、杭州岳飞墓等。

古代陵、墓是我们历史文化的宝库,已挖掘出的陪葬物、陵殿、墓道等,

是研究与了解古代艺术、文化、建筑、风俗等的重要实物史料。现今保存的古代陵墓,有些原来就为陵园、墓园,有些现代辟为公园、风景区,与园林景观具有密切关系。

(二)古代建设遗迹

古代遗存下来的城市①、乡村、街道、桥梁等,有地上的,有发掘出来的,都是古代建设的遗迹或遗址。我国最为丰富多样,且大都开辟为旅游胜景,成为旅游城市、城市景园的主要景观、风景名胜区、著名陈列馆(院)等,如图(图 2-23)的丽江古城。

图 2-23　丽江古城

(三)古工程、古战场

古工程设施、战场有些与园林景观并无关系,像有些工程设施直接用于园林景观工程,有些古代工程、古战场今大已辟为名胜、风景区,供旅游观光,同样具有园林景观的功能。闻名的古工程有长城、成都都江堰、京杭大运河;古战场有湖北赤壁、三国赤壁之战的战场、缙云山合川钓鱼城、南宋抗元古战场等。

---

① 　如六朝古都南京、汉唐古都长安(西安)、明清古都北京,以及山东曲阜、河北山海关、云南丽江古城等,都是世界闻名的古城。古乡村(村落),如西安的半坡村遗址;古街,如安徽屯溪的宋街;古道,如西北的丝绸之路;古桥梁,如赵州桥、卢沟桥等。

三、民俗与节庆活动景观

民俗风情是人类社会发展过程中所创造的一种精神和物质现象,是人类文化的一个重要组成部分。社会风情主要包括民居村寨、民族歌舞、地方节庆、宗教活动、封禅礼仪、生活习俗、民间技艺、特色服饰、神话传说、庙会、集市、逸闻等。我国民族众多,不同地区、不同民族有着众多的生活习俗和传统节日。如,农历三月三是广西壮族、白族、纳西族以及云南、贵州等地人们举行歌咏的日子;农历九月九日是我国传统的重阳节,登高插茱萸,赏菊饮酒。此外还有六月六、元旦、春节、仲秋、复活节、泼水节(傣族)等(表2-4)。

表 2-4　民俗与节庆活动景观

民俗与节庆活动类别	民俗与节庆活动举例
生活习俗地方节庆	春节饺、闹元宵、龙灯会、清明素、放风筝、端午粽、中秋月饼、腊八粥等,还有各民族不同婚娶礼仪等。
民间技艺	壮锦、苗锦、蜀锦、傣锦、苏绣、高绣、鲁绣等。
民族歌舞	汉族的腰鼓舞、秧歌舞、绸舞,朝鲜族的长鼓舞,维吾尔族舞,壮族扁担舞,黎族锣鼓舞,傣族孔雀舞等。
神话传说	山东蓬莱阁的八仙过海传说;山东新汶峄山的龙女牧羊传说;花果山(连云港)的孙悟空传说等。
服饰方面	黎族短裙、傣族长裙、朗族黑裙、藏族围裙等。

第三章 园林中景观设计的原则与美学形式

进行园林设计时,既要考虑园林设计的各种要素与功能,又要考虑其景观设计的原则与美学形式。园林艺术是作为表现艺术存在于城市之中,不能再现具体的事物形象,而只有通过对园林造型的形式处理,尤其是对园林空间的艺术化、形式化进行营构,从而表现出其审美意义和象征含义,以触发人的想象,从直观感受进入悠远、深邃的审美意境之中,从而完成人们对园林景观所产生的"情景交融"的审美意象,所以要遵循一定的艺术原则和美学形式。

第一节 园林景观设计的原则

园林景观是由园林的地形、建筑及小品、植物、园林、水体及园林设施等方面来实现的,因此,园林景观设计的原则就是这些景观要素设计的具体原则,现分述如下。

一、园林地形设计的原则

地形的设计在园林设计中占有最为基础的地位,即地形的处理好坏直接关系到园林设计的成功与否。所以,我们应了解并遵循地形设计的基本原则。

(一)功能性原则

地形的塑造首先要满足各功能设施的需要。如建筑等应多设置在高地平坦地形;水体应根据水景的不同类型来选择用地,如叠水应选择高地形,池沼则需要凹地形;植物配置时要增加空间纵深感,植物就应种在高地上。

(二)经济性原则

地球的土地资源是有限的,所以必须遵循经济性原则,就地取材改造地形,尽量做到土方平衡,减少外运内送土方量及挖湖堆山,以最少的投入获得最大景观效益。

（三）美学原则

地形的营造在满足功能的前提下，也应考虑景观的审美感受，通过一定的形式美法则来表现其观赏性，陶冶人们的情操和满足人们的审美情趣。另外，地形设计必须与园林建筑景观相协调，以淡化人工建筑与环境的界限，使地形、水体与绿化景观融为一体。

（四）因地制宜原则

园林地形设计还有一个十分重要的原则，那就是因地制宜。因地制宜其实也是对经济性原则的一种呼应。因地制宜，要求园林地形设计师在充分了解原有地形（包括丘陵、山地、湖泊、林地等自然地貌景观以及基地调查和分析）的基础上，再根据需要加以改造，巧妙地加以利用，使得新景观的坡度要求与原有的基地地形条件尽量相吻合，减少改造工程量和工程难度，这也是对地形的最佳利用。

二、园林水体设计的原则

（一）节水原则

在地球能源快枯竭的时代，各地出现严重干旱，生活用水都难以保证，节水性设计显得尤为突出了。节水原则可以体现在园林水景的前期规划和后期管理两个阶段。在前期规划阶段，要充分考虑节约用水的可行方案和措施，从布局和选材两个方面具体加以实施。在后期管理阶段，要善于发现节约水资源的方法，例如对人工湖景观的管理方面，就可以利用雨水回收的办法进行换水。建立和使用有效的雨水回收系统，不仅节约了水资源，同时还减少了对给水排水系统的压力。

（二）经济原则

水景的设置中的经济原则，要求设计师在设置水景时不能一味地追求高档次、豪华的视觉效果，还要注意节约建造成本以及后期的运营成本和维护费用。水体的初期设计及日后运营还要考虑业主所能承受的经济能力，真正能够发挥好水景的观赏目的。这样既能节约成本，还能增进人们热爱自然、亲近自然、欣赏自然的目的。

（三）景观原则

水有较好的可塑性，在环境中的适应性很强，无论春夏秋冬均可自成一景。水体丰富的景观有很大一部分来自于它的倒影效果:池底所选用的材料、颜色、深浅不同会直接影响到观赏的效果,所产生的景观也会随之变化。水面可以产生丰富的动静变化,无论是随风而至的涟漪,还是水中鱼儿嬉戏的场景,都可以展现水体柔美、纯净、流动的特质。水体还可以与建筑物、石头、雕塑、植物、灯光照明或其他艺术品组合相搭配,创造出更好的景观效果(图3-1、图3-2)。

图 3-1　水石相融　　　　　图 3-2　水景与雕塑的结合

(四)艺术原则

不同的水体形态表现不同的意境,通过模拟自然水体形态,来创造亭台楼阁、小桥流水、鸟语花香的景观意境。如在阶梯形的石阶上,水泄流而下;在一定高度的山石上,瀑布奔流而落;在一块假山石上,泉水喷涌而出等水景。另外可以利用水面产生倒影,当水面波动时,会出现扭曲的倒影,水面静止时则出现宁静的倒影,从而增加了园景的层次感和景观构图艺术性(图3-3)。

(五)亲水性原则

由于人们天生亲水的特性,设计水景要从使用者的角度来考虑如何为游人提供一个观水、亲水、听水、戏水的休闲空间水景,来激发人们的思想感情,揭示人们的内心世界,得到一种艺术的感受与欢乐,从而引起共鸣(图3-4)。

图 3-3　桥与水浑然天成　　　　图 3-4　亲水空间

（六）安全性原则

水体设计中安全性也是不容忽视的。要注意水电管线不能外漏,以免发生意外;水容易产生渗漏现象,所以要做好防水、防潮层、地面排水等问题;水景还要有良好的自动循环系统,这样才不会成为死水,从而避免视觉污染和环境污染;注意管线和设施的隐蔽性设计,如果显露在外,应与整体景观搭配;寒冷地区还要考虑结冰造成的问题;再有就是根据功能和景观的需求控制好水的深度。

三、园林道路设计的原则

（一）以人为本原则

道路规划中的以人为本原则是指强调公众的参与性,这一点主要在进行道路规划时通过周边设置一些园林小品从而给游人带来一定的愉悦感,使得游人在行进的途中可以欣赏沿途的风景而不至于孤立于环境之中。

（二）安全性原则

安全性原则对于道路规划设计是最基本的原则,它包括众多道路设计时的具体处理方式,如两条道路间的夹角问题、交叉路口的道路条数以及安全视距、主次道路的车流及人流分析等,这些对于安全都起着举足轻重的作用,因此应当本着基本的安全数据并结合基本情况合理地进行道路设置。

（三）经济性原则

在进行道路规划时要本着经济性原则,在保证路基稳定的前提下,充分利用现有的地形地貌,减少土方用量,合理地布局园林道路,降低工程造价,在满足其功能性的同时考虑道路的趣味性创造。

（四）与整体风格相协调

道路规划同整体风格相协调,主要是指道路的流线设计和铺装设计同园林的主题性质和布局方式相协调。如规则式布局的园林道路主要以直线型为主,在铺装材料上也多选择预制材料;而自然式布局的园林一般设置曲线型的道路,以卵石等铺装地面,使整个环境看起来更加贴近自然。

四、园林小品设计的原则

园林小品在园林中起着画龙点睛的作用,因此,在设计时要特别注意以下几个原则。

(一)满足使用功能的需求

满足使用功能的需求,这一点主要针对功能性小品来讲,这些功能性小品既是优质小景观,也是功能极大的园林设施,如形态和质地各异的座椅(图 3-5)等。此类小品设计除了应具有优美时尚的外观造型外,还必须符合功能和技术上的要求。小品的尺度规格应由人类的生理构造特点决定,符合一定的尺寸比例,太大或太小都不能给游人带来舒适之感。

图 3-5　园林小品的使用功能

(二)满足审美情趣的要求

对于园林小品来讲,其最初的出发本质即是创造雅致浓缩、富于动感的景观以满足人们审美情趣的要求。而且,即使是同样的小品景观也会因所处环境的不同而同周围的景物和人群发生不同的联系,因而在创作小品之时必须使其充满灵活多变的体态、气质和表情,创造不同的审美感受(图 3-6)。

图 3-6　园林小品的审美情趣

（三）满足景观塑造的需要

园林中的小品都具有使用和造景的双重性，只是相对个别来讲侧重点有所不同。园林小品的功能是第一位的，造景观赏是第二位的，因此，应在满足功能要求的前提下，尽可能创造一种极具美感的观赏环境（图 3-7）。

图 3-7　园林小品的景观塑造

（四）满足整体环境的要求

无论园林小品的体量大小如何，它们无疑是整个园林环境中不可或缺的重要组成部分，特别是对于环境中的标志性小品和具有特定功能的配套设施来讲更是有着重要的意义。如配电房、变电所等，若将其做艺术化处理，做成建筑小品的形式则可以使园林建筑小品与整体环境相协调，起到点缀环境和美化的作用（图 3-8）；倘若处理不当，也有可能会破坏甚至毁掉整个园林环境。

图 3-8　园林小品与整体环境的协调

（五）满足空间序列的需求

在园林小品的规划设计中，我们应当追求空间序列的变化，使空间能够彼此渗透，增添空间层次。对于园林小品的空间布局没有固定的模式，多采用不规则式自由布局，加之自身曼妙的形态，创造多变的空间序列是一项较为容易的工作。

第二节　园林景观设计的美学形式

任何成功的艺术作品都是形式与内容的完美结合，园林景观设计艺术也是如此。园林的形式美是植物及其"景"的形式，即景物的材料、质地、体态、线条、光泽、色彩和声响等因素，一定条件下在人的心理上产生的愉悦感反应。园林景观设计的美学形式，大致包括多样与统一、对比与调和、节奏与韵律、比例与尺度、均衡与稳定、比拟与联想等规范化的形式艺术规律。

一、多样与统一

多样与统一是形式美法则中最高、最基本的原则。多样指构成整体的各个部分在形式上的差异性;统一是指这种差异性的彼此协调。在园林设计中,无论从园林风格形式、植物、建筑,还是色彩、质地、线条等方面,都要讲求在多样之中求得统一,这样富有变化,不单调。如假山造型,轮廓线要有变化,变化中又必须求得统一(图 3-9)。又如扬州瘦西湖五亭桥,设计者采用五个体量、大小、形状都有一些变化的园林建筑,而这些对比又都在设计者高超的技巧下统一在整体的视觉效果中,使其在变化中求得统一、秩序,体现出和谐(图 3-10)。

图 3-9　苏州狮子林兽形湖石　　　　图 3-10　扬州瘦西湖五亭桥

二、对比与调和

对比与调和是艺术构图的一个重要手法,它是运用布局中的某一因素(如体量、色彩)等程度不同的差异,取得不同艺术效果的表现形式。园林景色要在对比中求调和,在调和中求对比,使景色既丰富多彩,又要突出主题,风格协调。

构图中各种景物之间的比较,总有差异大小之别。差异大的,差异性大于共性,甚至大到对立的程度,称之为对比;差异小的即共性多于差异性,称之为调和。但须注意的是对比与调和只存在于同一性质的差异之间,如体量大小、空间开敞与封闭、线条的曲与直、颜色的冷与暖、光线的明与暗、材料质感的粗糙与光滑等,而不同性质的差异之间不存在调和与对比,如体量大小与颜色冷暖是不能比较的。

(一)对比

在造型艺术构图中,把两个完全对立的事物作比较,叫做对比。通过对比能使对立着的双方达到相辅相成、相得益彰的艺术效果,使景色生动、活泼、突出主题,让人看到此景表现出兴奋、热烈、奔放的感受。对比是造型艺术构图中最基本的手法,所有的长宽、高低、大小、形象、光影、明暗、浓淡、深浅、虚实、疏密、动静、曲直、刚柔、方向等等的量感到质感,都是从对比中得来的。

1.形象的对比

园林布局中构成园林景物的线、面、体和空间常具有各种不同的形状,如长宽、高低、大小等的不同形象的对比。以短衬长、长者更长;以低衬高,高者更高;以小衬大,大者更大,造成人们视觉上的变幻。

园林景物中应用形状的对比与调和常常是多方面的,如建筑与植物之间的布置,建筑是人工形象,植物是自然形象,将建筑与植物配合在一起,以树木的自然曲线与建筑的直线形成对比,来丰富立面景观(图 3-11)。又如植物与园路、植物中的乔木与灌木(图 3-12)、地形地貌中的山与水等均可形成形象对比。

图 3-11　建筑与植物的形象对比　　　图 3-12　乔木与灌木的形象对比

2.体量的对比

体量相同的东西,在不同的环境中,给人的感觉是不同的。如放在空旷广场中,会感觉其小;放在小室内,会感觉其大,这是"大中见小、小中见大"的道理。在园林绿地中,常用小中见大的手法,在小面积用地内创造出自然山水之胜(图 3-13)。为了突出主体;强调重点,在园林布局中常常用若干较小体量的物体来衬托一个较大体量的物体,如颐和园的"佛香阁"与周围的廊,廊的体量都较小;显得"佛香阁"更高大、更突出(图 3-14)

图 3-13　江苏扬州小盘谷　　　　图 3-14　颐和园佛香阁与廊

3. 方向的对比

园林景观中体现的方向上对比，最多见的就是垂直和水平方向的对比，垂直方向高耸的山体与横向平阔的水面相互衬托，避免了只有山或只有水的单调（图 3-15）。又如建筑组合上横向、纵向的处理使空间造型产生方向上的对比，水面上曲桥产生不同方向的对比（图 3-16）等。在空间布置上，忽而横向，忽而纵向，忽而深远，忽而开阔，造成方向上的对比，增加空间在方向上变化的效果。

图 3-15　上海松江垂直方塔与水面的对比　　　图 3-16　曲桥方向的对比

4. 空间的对比

在空间处理上，大园的开敞明朗与小园的封闭幽静形成对比。如颐和园中苏州河的河道由东向西，随万寿山后山脚曲折蜿蜒，河道时窄时宽，两岸古树参天，影响到空间时开时合、时收时放，交替向前通向昆明湖。合者，空间幽静深透；开者，空间宽敞明朗；在前后空间大小的对比中，景观效果由于对比而彼此得到加强。最后来到昆明湖，则更感空间之宏大，湖面之宽阔，水波之浩渺，使游赏者的情绪由最初的沉静转为兴奋。这种对比手法在园林景观空间的处理上是变化无穷的。开朗风景与闭锁风景两者共存于同一园林中，相互对比，彼此烘托，视线忽远忽近，忽放忽收，可增加空间的对比感、层次感，达到引人入胜的效果。

5.明暗的对比

明暗对比手法,在古典园林景观设计中应用较为普遍。如苏州留园和无锡蠡园的入口处理,都是先经过一段狭小而幽暗的弄堂和山洞,然后进入主庭院,深感其特别明快开朗,有"山重水复疑无路,柳暗花明又一村"之感(图3-17)。在园林绿地中,布置明朗的广场空地供人活动,布置幽暗的疏林、密林供游人散步休息。在密林中留块空地,叫林间隙地,是典型的明暗对比(图3-18)。

图3-17　曲径通幽的明暗对比　　　图3-18　林间隙地带来草坪光影的变化

6.虚实的对比

虚给人以轻松,实给人以厚重。在园林设计中,山水对比,山是实,水是虚;建筑与庭院对比,则建筑是实,庭院是虚;建筑四壁是实,内部空间是虚;墙是实,门窗是虚(图3-19);岸上的景物是实,水中倒影是虚(图3-20)。由于虚实的对比,使景物坚实而有力度,空灵而又生动。园林景观设计十分重视布置空间,以达到"实中有虚,虚中有实,虚实相生"的目的。

图3-19　墙壁与漏窗的虚实对比　　　图3-20　景物与倒影的虚实对比

7.色彩的对比

色彩的对比与调和包括色相和明度的对比与调和。色相的对比是指相对的两个补色(如红与绿、黄与紫)产生对比效果;色相的调和是指相邻近的色如红与橙、橙与黄等。颜色的深浅叫明度,黑是深,白是浅,深浅变化即黑到白之间变化。一种色相中明度的变化是调和的效果。园林景观设计中色彩的对比与调和是指在色相与明度上,只要差异明显就可产生对比的效果,差异近似就产生调和效果。利用色彩对比关系可引人注目,如"万绿丛中一点红"。

8. 质感的对比

在园林绿地中,可利用植物、建筑、道路、广场、山石、水体等不同的材料质感,造成对比,增强效果。不同材料质地给人不同的感觉,如粗面的石材、混凝土、粗木等给人稳重感,而细致光滑的石材、细木等给人轻松感。利用材料质感的对比,可构成雄厚、轻巧、庄严、活泼的效果,或产生人工胜自然的不同艺术效果(图 3-21、图 3-22)。

图 3-21　山石与沙土的质感对比　　图 3-22　厚重石料与清灵池水的对比

9. 动静的对比

六朝诗人王籍《入若耶溪》诗里说:"蝉噪林愈静,鸟鸣山更幽。"诗中的"噪"和"静"、"鸣"和"幽"都是自相矛盾的两个方面,然而,林荫深处有蝉的"噪"声,却更增添环境几分寂静之感,山谷之中有鸟啼鸣,亦增了环境幽邃的气氛。例如,夜深人静的秒钟滴答声,更表明了四周的万籁俱寂。在深山之中的泉水叮咚,打破了山的幽静,更反衬着环境的静。因此,在庭院中处理几处滴水,能把庭院空间提高到诗一般的境界,这就是动静对比(图 3-23、图 3-24)。

图 3-23　动静对比　　　　　　图 3-24　北京卧佛寺景观中的动静对比

（二）调和

调和手法在园林景观设计中的应用，主要是通过构景要素中的岩石、水体、建筑和植物等风格和色调的一致而获得的。尤其当园林景观设计的主体是植物，尽管各种植物在形态、体量以及色泽上有千差万别，但从总体上看，它们之间的共性多于差异性，在绿色这个基调上得到了统一。总之，凡用调和手法取得统一的构图，易达到含蓄与幽雅的美。

三、节奏与韵律

自然界中有许多现象，常是有规律重复出现的，例如海潮，一浪一浪向前，颇有节奏感。有规律的再现称为节奏；在节奏的基础上深化而形成的既富于情调又有规律、可以把握的属性称为韵律。在园林绿地中，也常有这种现象。如道旁种树，种一种树好，还是两种树间种好；带状花坛是设计一个长花坛好，还是设计成几个同形短花坛好，这都牵涉构图中的韵律与节奏问题。只有简单的重复而缺乏有规律的变化，就令人感到单调、枯燥。所以韵律与节奏是艺术设计的必要条件，艺术构图多样统一的重要手法之一。

韵律包括简单韵律、交替韵律、渐变韵律、起伏韵律、拟态韵律、交错韵律等。

（1）简单韵律。由同种景观要素等距离的、反复的、连续出现的构图，如树木或树丛的连续等距的出现；园林建筑物的栏杆、道路旁的灯饰、水池中的汀步等（图3-25）。

（2）交替韵律。由两种或两种以上的景观要素等距离的、反复的、连续出现的构图。如行道树用一株桃树一株柳树反复交替的栽植，两种不同花坛的等距交替排列，登山道一段踏步与一段平面交替（图3-26）；又如园路的铺装，用卵石、片石、水泥、板、砖瓦等组成纵横交错的各种花纹图案，连续交替出现。交替韵律设计得宜，能引人入胜。

图3-25　花坛的连续韵律

图3-26　台阶踏步与平台形成的交替韵律

（3）渐变韵律。渐变的韵律是园林景观中相似的景观元素在一定范围内作规则的逐渐增加或减少所产生的韵律，如体积的大小变化等。渐变韵律也常在各组成分之间有不同程度或繁简上的变化。园林景观设计中在山体的处理上，建筑的体形上，经常应用从下而上愈变愈小。如桥孔逐渐变大和变小等（图3-27），如河南省松云塔（北魏）每层的密度都有一些渐变（图3-28）。

图 3-27　颐和园十七孔桥的渐变韵律　　图 3-28　河南松云塔的渐变韵律

（4）起伏韵律。由一种或几种景观要素在大体轮廓所呈现出的较有规律的起伏曲折变化所产生的韵律。如自然林带的天际线就是一种起伏曲折的韵律的体现（图3-29）。

图 3-29　北京植物园河岸树的起伏韵律

（5）拟态韵律。既有相同点又有不同点的多个相似的景观要素反复出现的连续构图，如漏景的窗框一样，漏窗的花饰又各不相同等（图3-30）；又如花坛的外形相同，但花坛内种的花草种类、布置又各不相同（图3-31）。

图 3-30　漏窗形状的拟态韵律　　　图 3-31　植物配置的拟态韵律

总之,韵律与节奏本身是一种变化,也是连续景观达到统一的手法之一。

造型艺术是由形状、色彩、质感等多种要素在同一空间内展开的,其韵律较之音乐更为复杂,因为它需要游赏者能从空间的节奏与韵律的变化中体会到设计者的"心声",即"音外之意、弦外之音"。

四、比例与尺度

园林绿地构图的比例是指园景和景物各组成要素之间空间形体体量的关系,不是单纯的平面比例关系。园林绿地构图的尺度是景物与人的身高、使用活动空间的度量关系。这是因为人们习惯用人的身高和使用活动所需要的空间作为视觉感知的度量标准。如台阶的宽度不小于 30cm(人脚长)、高度为 12~19cm 为宜,栏杆、窗台高 1m 左右。又如人的肩宽决定路宽,一般园路的宽度能容两人并行,以 1.2~1.5m 较合适。

在园林里如果人工造景的尺度超越人们习惯的尺度,可使人感到雄伟壮观。如颐和园从"佛香阁"至智慧海的假山蹬道,处理成一级高差 30~40cm,走不了几步,人就感到很累,产生比实际高的感受。如果尺度符合一般习惯要求或者较小,则会使人感到小巧紧凑,自然亲切。

比例与尺度受多种因素的变化影响,典型的例子如苏州古典园林。它是明清时期江南私家山水园,园林各部分造景都是效法自然山水,把自然山水经提炼后缩小在园林之中,园林道路曲折有致,尺度也较小,所以整个园林的建筑、山、水、树、道路等比例是相称的,就当时少数人起居游赏来说,其尺度也是合适的。但是现在,随着旅游事业的发展,国内外游客大量增加,游廊显得矮而窄,假山显得低而小,庭院不敷回旋,其尺度就不符现代功能的需要。所以不同的功能,要求不同的空间尺度。另外不同的功能也要求不同的比例,如颐和园是皇家宫苑,气势雄伟,殿堂、山水比例均比苏州私家园林要大。

五、均衡与稳定

这里所说的均衡是指园林布局中左与右、前与后的轻重关系等;稳定是指园林布局在整体上轻重的关系而言。

(一)均衡

在园林布局中要求园林景物的体量关系符合人们在日常生活中形成的平衡安定的概念,所以除少数动势造景外,一般艺术构图都力求均衡。

均衡可分为对称均衡和非对称均衡。对称均衡的布置常给人庄重严整的感觉,但对称均衡布置时,景物常常过于呆板而不亲切。不对称均衡的构图是以动态观赏时"步移景异"、景色变幻多姿为目的的。它是通过游人在空间景物中不停地欣赏,连贯前后成均衡的构图。以颐和园的谐趣园为例,整体布局是不对称的,各个局部又充满动势,但整体十分均衡。

(二)稳定

自然界的物体,由于受地心引力的作用,为了维持自身的稳定,靠近地面的部分往往大而重,在上面的部分则小而轻,如山、土坡等。从这些物理现象中,人们就产生了重心靠下、底面积大可以获得稳定感的概念。

在园林布局上,往往在体量上采用下面大、向上逐渐缩小的方法来取得稳定坚固感。我国古典园林中的高层建筑物如颐和园的"佛香阁",西安的大雁塔等,都是超过建筑体量上由底部较大而向上逐渐递减缩小,使重心尽可能低,以取得结实稳定的感觉。

六、比拟与联想

在园林艺术设计中,通过形象思维,运用比拟和联想形式,能够创造出比园景更为广阔、久远、丰富的内容,创造出诗情画意,给园林景物平添无限的意趣。

(1)模拟。利用园林中可置的有限材料发挥无限的想象空间,使人们在观景时由此及彼,联想到名山大川、天然胜地(图3-32)。

图 3-32 园林中模拟的假山

（2）对植物的拟人化。运用植物特性美、姿态美给人以不同的感染，产生比拟与联想。如"松、竹、梅"有"岁寒三友"之称，"梅兰竹菊"有"四君子"之称，常是诗人画家吟诗作画的好题材。在园林绿地中适当运用，会增色不少（图 3-33）。

图 3-33 济南大明湖拟人化的荷花

（3）运用园林建筑、雕塑造型产生的比拟联想。例如园林建筑、雕塑造型中的卡通式的小房、蘑菇亭、月洞门等，使人犹入神话世界。

（4）遗址访古产生联想。我国历史悠久，古迹、文物很多，当参观游览时，自然会联想到当时的情景，给人以多方面的教益。如杭州的岳坟（图 3-34）、灵隐寺，武昌的黄鹤楼，上海豫园的点春堂（小刀会会馆），北京颐和园，成都的武侯祠、杜甫草堂，苏州虎丘等，给游人带来许多深思和回忆。

图 3-34　杭州岳坟

　　(5)风景题名、题咏、对联、匾额、摩崖石刻所产生的比拟联想。好的题名题咏不仅对"景"起了画龙点睛的作用,而且含义深、韵味浓、意境高,能使游人产生诗情画意的联想(图 3-35)。

图 3-35　泰山风月无边石刻景观

第四章 园林中的赏景与造景

赏景方式与造景手法是从事园林设计工作必须掌握的重点内容,游人的赏景依赖设计师对景的营造,同样,设计师对景的营造也要重点考虑人的赏景方式,只有综合考虑、灵活运用赏景方式及造景手法才能组织出令人流连忘返的园林景观。

第一节 园林中的赏景

一、动态赏景与静态赏景

从动与静的角度来看,赏景可分为动态观赏与静态观赏。

(一)动态赏景

动态赏景是指游人在沿道路交通系统的行进过程中对景物的观赏。动态观赏如同看风景电影,成为一种动态的连续构图。动态观赏一般多为进行中的观赏,可采用步行、乘车、坐船、骑马等方式进行。同是动态观赏,景观效果因行进方式的差别而不完全相同。

步行动态观赏主要是沿道路交通系统的行进路线进行的,因而,行进路线两侧的景观要注重整体的韵律与节奏的把握(图 4-1),要注重景物的体量、天际线的设计。此外,由于步行不同于乘车、坐船这些游览方式,它的速度较慢,游人还往往会留意到景物的细节,在游览路线上,应系统地布置多种景观,在重点地区,游人通常会停留下来,对四周景物进行细致的观赏品评,所以,游步道两侧的景物更要注重细节的设计(图 4-2)。在动态游览中,为了给人不同的视觉体验和心理感受,应在统一性的前提下注重景观的变化。

(二)静态赏景

静态赏景是指游人停留下来,对周边景物进行观赏。静态观赏多在一些休息区进行,如亭台楼阁等处。此时,游人的视点对于景物来说是相对不变的,游人所观赏的景物犹如一幅静态画面。因而,静态观赏点(多为亭台楼阁这类休息建筑、设施)往往布置在风景如画的地方,从这里看到的景物层次丰富、主景突出（图4-3）。

图 4-1　道路两侧的景观　　　　图 4-2　游步道两侧的景物
注重整体的韵律与节奏　　　　更要注重细节的设计

图 4-3　静态观赏点要形成好的构图

　　静态观赏，如同看一幅风景画。静态构图中，主景、配景、前景、背景、空间组织和构图的平衡轻重固定不变。所以静态构图的景观的观赏点也正是摄影家和画家乐于拍照和写生的位置。静态观赏除主要方向的主要景色外，还要考虑其他方向的景色布置。

（三）动静结合

　　一般对景物的观赏是先远后近，先群体后个体，先整体后细部，先特殊后普通，先动景如舟车人物，后静景如桥梁树木。因此，对景区景点的规划布置应注意动静的要求、各种方式的游览要求，能给人以完整的艺术形象和境界。

　　在设计景园时，动就是游，静就是息。要合理的组织动态观赏和静态观赏，游而无息使人精疲力竭，息而不游又失去游览意义。因此，一般园林绿地的规划，应从动与静两方面的要求来考虑，注意动静结合。

　　现以步行游西湖为例（图4-4），自湖滨公园起，经断桥、白堤至平湖秋月，一路均可作动态观赏，湖光山色随步履前进而不断发生变化。至平湖秋月,在水轩露台中停留下来,依曲栏展视三潭印月、玉皇山、吴山和杭州城,四面八方均有景色,或近或远又形成静态画面的观赏。离开平湖秋月,继续前进,左面是湖,右面是孤山南麓诸景色,又转为动态观赏。及登孤山之顶,在西泠印社中居高临下,再展视全湖,又成静态观赏。离开孤山再在动态观赏中继续前进,至岳坟后停下来,又可作静态观赏。再前则为横断湖面的苏堤,中通六桥,春时晨光初启,宿雾乍收,夹岸柳桃,柔丝飘拂,落英缤纷,游人慢步堤上,两面临波,随六桥之高下,路线有起有伏,这自然又是动态观赏了。但在堤中登仙桥处布置花港观鱼景区,游人在此可以休息,可以观鱼观牡丹,可以观三潭印月、西山南山诸胜,又可作静态观赏。实际上,动、静的观赏也不能完全分开,动中有静、静中有动,或因时令变化、交通安排、饮食供应的不同而异。

图 4-4 西湖全景鸟瞰

二、平视、仰视、俯视赏景

(一)平视赏景

平视赏景是指以视平线与地平面基本平行的一种观赏方式,由于不用抬头或低头,较轻松自由,因而是游人最常采用的一种赏景方式,且这种方式透视感强,有较强的感染力(图4-5)。另外,平视观赏容易形成恬静、深远、安宁的效果。很多的休疗养胜地多采用平视观赏的方式(图4-6)。

图 4-5　平视赏景(一)

图 4-6　平视赏景(二)

西湖风景多恬静感觉,与有较多的平视观赏分不开。在扬州大明寺"平山堂"上展望诸山,能获得"远山来此与堂平"的感觉,故堂名平山,也是平视观赏。如欲获得平视景观,视野更宽,可用提高视点的方法。"白日依山尽,黄河入海流。欲穷千里目,更上一层楼",意即如此。

(二)仰视赏景

仰视观赏是指观赏者头部仰起,视线向上与地平面成一定角度。因此,与地面垂直的线产生向上的消失感,容易形成雄伟、高大、严肃、崇高的感觉。很多的纪念性建筑,为了强调主体的雄伟高大,常把视距安排在主体高度的一倍以内,通过错觉让人感到主体的高大(图 4-7)。

图 4-7　仰视赏景

　　在园林绿地中，有时为了强调主景的崇高伟大，常把视距①安排在主景高度的一倍以内，不让有后退的余地，运用错觉使人感到景象高大，这是一种艺术处理上的经济手法之一。旧园林中堆叠假山，不从假山的绝对真高去考虑，采用仰视法，将视点安排在较近距离内，使山峰有高入蓝天白云之感。但仰视景观，对人的压抑感较强，使游人情绪比较紧张。

（三）俯视赏景

　　俯视赏景是指景物在视点下方，观赏者视线向下与地平面成一定角度的观赏方式。因此，与地面垂直的线产生向下的消失感，容易形成深邃、惊险的效果。易产生"会当凌绝顶、一览众山小"的豪迈之情，也易让人感到胸襟开阔（图 4-8）。

　　俯视景观易有开阔惊险的效果。在形势险峻的高山上，可以俯览深沟峡谷、江河大地，无地势可用者可建高楼高塔，如镇江金山寺塔、杭州六和塔、昆明西山龙门、颐和园佛香阁，都有展望河山使人胸襟开阔的好效果。而峨眉山的金顶，海拔 3000 多米，有"举头红日白云低，五湖四海成一望"的感觉，再有佛光、日出、雪山诸胜，更是气象万千了。

---

　　①　视距:有人观景时所处的位置称为观赏点,观赏点与被观赏静物之间的距离称为观赏视距。

图 4-8 俯视赏景

三、时空变幻的赏景

一日之中,时间、天气、环境的变化;一年之中,季节的更替,会在园林中形成种种不同的景观,营造出"朝餐晨曦,夕枕烟霞"的意境。如园林中有可爱的山石水池、繁密的花木、优美的亭台等,随着所处环境的不同,景物的感受也变换无穷。而随着季节和天气的变化,在园林中你可以闻到春天桃李芬芳(图 4-9),看到夏天荷叶田田(图 4-10)、秋天枫叶尽染(图 4-11)和冬天梅花的疏影横斜(图 4-12)。苏州留同中的"佳晴喜雨快雪"亭,便是通过天气变化,随境生情,突出了一种乐观的人生态度。

图 4-9 春——拙政园"梧竹幽居"

图 4-10 夏——网师园"月到风来亭"

图 4-11　秋——怡园红枫　　图 4-12　冬——拙政园曲桥

第二节　园林景观的分区与展示

一、园林景观的分区

（一）园林功能分区

首先，园林用地的性质和功能决定了园林景观大致的区划格局。下面我们以某文化休闲公园的功能分区（图 4-13）为例来说明。

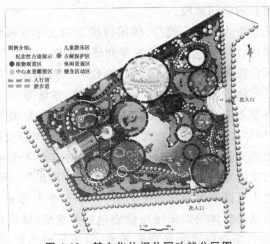

图 4-13　某文化休闲公园功能分区图

最初的公园功能分区较侧重于人们的游览、休憩、散步等简单的休闲活动，而今随着社会生活水平的提高，其功能需求越来越应满足不同年龄、不同层次的游人的需求，逐渐的规整化和合理化，依据城市的历史文化特征、园内实际利用面积、周边环境及当地的自然条件等进行功能规划，同时将功能规划同园内造景相结合,使得景观为功能服务,功能更好的承载景观。综合众多城市公园的特征和性质,可将城市公园的功能分区规划为:观赏游览区、儿童活动区、安静休息区、体育活动区、科普文娱区和公园管理区。

1. 观赏游览区

观赏游览区主要功能是设置多样的景观小品,该区占地规模无须太大,以占园内面积的 5%～10% 为宜,最好选择位于园内距离出入口较远的位置。

2. 安静休息区

安静休息区一般处于园内相对安静的区域内,常设置在具有一定起伏的高地或是河流湖泊等处。该区内可以开设利于平复心境的各类活动,如散步、书画、博弈、划船、休闲垂钓等。

3. 活动区

活动区根据不同人群以及活动目的又可以细致地划分为各种不同的分区,如儿童活动区、老年活动区、体育活动区、科普文娱活动区,等等。

儿童活动区是专为促进儿童身心发展而设立的儿童专属活动区。考虑到儿童的特殊性,在游乐设施的布置上应首先考虑到安全问题,适当设置隔离带等。该区的选址应当便于识别,位置应当尽量开阔,多布于出入口附近。从内部空间规划来讲,不仅要设置合理的儿童活动区域,也要规划出足够的留给陪同家长的空间地段。

老年活动区是专为老年人健身、休闲而设立的老年专属活动区。考虑到老年人的特殊性,应该设立相应的安全和便利措施。

体育活动区设施的设置可以是定向的,也可以是不定向的。所谓定向是指一些固定的实物设施,如各类健身器材、球馆、球场等;不定向的活动设施可以是根据季节不断变化的。该区选址的首要条件是要有足够大的场地,以便开展各项体育活动;并且在布局规划上应处于城市公园的主干道或主干道与次干道的交叉处,必要时可以设置专门的出入口或应急通道。

科普文娱的功能可以形象地概括为"输入"和"输出"。所谓"输入",是指游人在游乐之中可以学习到科普文化知识;而"输出",即是人们在该区内开展各项文娱活动。具体的娱乐场所设施包括阅览室、展览馆、游艺厅、剧场、溜冰场等。该区所选位置应是地形平坦、面积开阔之处,尽量靠近各出入口,特别是主出入口。周边设置便利的道路系统,辅以多条园路,便于游人寻找和集散。

4. 管理区

园林的管理区具有管理园林中各项事务,为维持园林日常正常运行提供保障的功能。区内应设办公室、保安室、保洁室等常用科室,负责处理园内的日常事务。该区的位置一般远离其他区域,但应能够联系各大区域,因此常处于交叉处或出入口处,且多为专用出入口,禁止游人随便靠近。

(二)园林景色分区

凡具有一定观赏价值的建筑物、构筑物、自然类物体,并能独自成为一个单元的景域称为景点。景点是构成园林绿地的基本单元。景区为风景规划的分级概念,用道路联系起来的比较集中的景点构成一个景区。一般园林景观绿地,均由若干个景点组成一个景区,再由若干个景区组成风景名胜区,若干个风景名胜区构成风景群落。

景色分区往往比功能分区更加深入细致,要达到步移景异、移步换景的效果。各景色分区虽然具有相对独立性,但在内容安排上要有主次,在景观上要相互烘托和互相渗透,在两个相邻景观空间之间要留有过渡空间,以供景色转换。

例如,杭州西湖十景,就是由地形地貌、山石、水体、建筑以及植被等组成的一个个比较完整而富于变化的、可供游赏的空间景域,包括苏堤春晓、曲院风荷、平湖秋月、断桥残雪、柳浪闻莺、花港观鱼、雷峰夕照、双峰插云、南屏晚钟、三潭印月。西湖十景形成于南宋时期,基本围绕西湖分布,有的就位于湖上。

二、园林景观的展示

园林欣赏是一个动态的过程,怎样安排各个景区与景点,让它们更好地以最佳效果展示给游人,是一个非常重要的问题。要有节奏变化而又主题突出的空间组合,就需要组织好空间展示程序。一般来说,游人的游览路线具有一定规律。在游览的过程中,不同的空间类型给游人带来不同的感受。要构成丰富的连续景观,才能达到目的,这就是景观的展示线。正如一篇文章、一场戏剧、一首乐曲一样,有开始有结尾,有开有合,有高潮有低潮,有发展有转折。

(一)一般展示线

园林绿地的景区,在展现风景的过程中,可分为高潮和结景结合在一起的二段式和起景、高潮、结景的三段式。其中以高潮为主景,起景为序幕,结景为尾声,尾声应有余音未了之意,起景和结景都是为了强调主景而设的。

(1)二段式:序景—起景—发展—转折—高潮(结景)—尾景。二段式如一般纪念陵园从入口到纪念碑的程序,南京中山陵从牌坊开始,经过中间的转换,到最后中山陵墓的高潮而结束。又如德国柏林苏军纪念碑,当出现主景时,展示线亦宣告结束,这样使得园林景观绿地设计的思想性更为集中,游人因此产生的感觉也更为强烈。

(2)三段式:序景—起景—发展—转折—高潮—转折—收缩—结景—尾景。三段式如北京颐和园从东宫门进入,以仁寿殿为起景,穿过牡丹台转入昆明湖边豁然开朗,在向北转西通过长廊的过渡到达排云殿,拾级而上直到佛香阁、智慧海,到达主景高潮。然后向后山转移再游后湖、谐趣园等园中园,最后到达东宫门结束。

(二)循环展示线

在较小的园林景观中,为了避免游人走回头路,常把游览路线设计成环形,这就形成了循环站展示线。现代很多城市园林绿地、森林公园、风景区采用多入口及循环展示线的形式,特别是大型园林绿地范围很大,采用循环展示能让游人欣赏更多内容,沿路布置丰富的景观,小型的园林绿地展示线也应曲折多变,拉长游览路线,产生小中见大的效果。例如,济南植物园、动物园等采用多入口及循环展示线的形式。

(三)专类展示线

以专类活动为主的专类园林通常都有其自身独特的布局特点,在游览这类园林景观时就应该依据其主要景点的布局专线,即专类展示线。例如,植物园可以以植物进化史为组景序列,从低等到高等,从裸子植物到被子植物,从单子叶植物到双子叶植物;还可以按植物的地理分布组织,如从热带到温带再到寒温带等。又如,利用地形起伏变化而创造风景序列的园林,常利用连续的土山、连续的建筑、连续的林带等来"谱写"园林的"节奏"。

总之,展示线在平面布置上宜曲不宜直,做到步移景异,层次深远、高低错落、抑扬进退、引人入胜。为了减少游人步履劳累,应沿主要导游路线布置。小型园林展示线干道有一条即可,在大中型园林中,可布置几条游览展示线。

第三节　园林景观的立意与布局

一、园林景观的立意

园林景观立意是指园林景观设计的意图、园林景观营造的意境,即设计思想、情感和观念。无论中国的帝王宫苑、私人宅园,还是国外的君主宫苑、地主庄园,都反映了园主的思想境界。

中国古代的造园者把淡泊的生活理想、高尚的志趣和情操称为一种道德力量。因此,中国的园林意境多表现中国士大夫在野隐逸、歌吟山水的思想。中国人审美认为自然是有灵魂的,主张保持和尊重自然的本来面目。

古代的欧洲人则很精通神学,知道自己并无希望进入天国,所以千方百计在地上寻欢作乐,抱有享乐主义的态度。他们的造园观念是让自然人格化,就是征服自然、整理自然、使自然就范。

传统东方园林以哲理、文学、绘画意境等人文观念来造园,所以很重视含蓄、重神韵。而传统西方造园却是非常直观的、求实的,以几何学、机械学、物理学、城市规划学、工程学、建筑学、园艺学、生态学等来造园。

纵观中国的园林设计之精品,总结出园林立意的常见手法有如下几种。

(一)象征与比拟的立意手法

象征与比拟的立意手法在中国古代园林中的应用非常广泛。例如,中国古代园林中的堆山开池代表的是对美德和智慧的向往与追求。秦始皇在咸阳引渭水作长池,在池中堆筑蓬莱神山以祈福,这种"水中筑岛造山"以象征仙岛神山的做法被后世争相效法。如汉朝长安城建章宫的太液池内也筑有三岛,唐长安城大明宫的太液池内筑有蓬莱山,元大都皇城内的太液池中也堆有三岛,颐和园的昆明湖中亦堆有三座岛屿,可见后继者对山水象征意义的虔敬之心。

(二)诗情画意的立意手法

园林景观不仅供人居住游赏,更寄托了园主的情趣爱好和人生追求。园林景观之所以被视为一种高雅的艺术形式,也与其表现了园主良好的艺术修养和卓尔不凡的个性有关,于是对诗情画意的追求也就成了造园者最习以为常的出发点和归宿。

园林景观的建造常常出于文思,园林景观的妙趣更赖以文传,园林景观与诗文、书画彼此呼应、互相渗透、相辅相成。而对诗词歌赋的运用只需看一看园林景观中的题咏就知道了——以典雅优美的字句形容景色,点化意境,是园林景观最好的"说明书"。好的题咏,如景点的题名、建筑上的楹联,不但能点缀堂榭、装饰门墙、丰富景观,还表达了造园者或园主人的情趣品位。

(三)汇集经典景点的立意手法

无论是皇家园林景观还是私家园林景观,造园时引用名胜古迹、寺庙、街市等经典景点是一个通用的做法,甚至同一个景点出现在不同的园林景观中,后人亦可从中挖掘出相同的文化历史底蕴。

例如,江南一带,每逢农历三月初三人们都要去城郊游乐。著名书法家王羲之(303—361)等四十余人就曾到浙江绍兴城外兰亭,当日众人所赋诗作结集成册,王羲之为之挥笔作序,后人将诗集刻写于石碑,立于兰亭。于是,不仅绍兴兰亭成了名胜,而且在曲水上饮酒赋诗也成了世人推崇的风雅之举。取其象征意义,北京紫禁城的宁寿宫花园和承德避暑山庄就都建有"曲水流觞"亭(图 4-14),又如,颐和园后溪河上的买卖街为与世隔绝的皇室成员模拟出世俗生活的真实场景——鳞次栉比的店铺和随风摆动的各式店铺招幌,表现了园主人对繁华闹市的向往(图 4-15)。

图 4-14　宁寿宫花园的曲水流觞亭　　　图 4-15　颐和园后溪河上买卖街

二、园林景观的布局

(一)园林景观布局的原则

1. 综合性与统一性

园林布局的综合性,是指经济、艺术和功能这三方面必须综合考虑,[①]只有把园林的环境保护、文化娱乐等功能与园林的经济要求及艺术要求作为一个整体加以综合解决,才能实现创造者的最终目标。

园林布局的统一性,是指地形、植物与建筑这三方面的要素在布局中必

---

①　园林的功能是为人们创造一个优美的休息娱乐场所,同时在改善生态环境上也起重要的作用,但如果只从这一方面考虑其布局的方法,不从经济与艺术的方面考虑,这种功能也是不能实现的。园林设计必须以经济条件为基础,以园林艺术、园林美学原理为依据,以园林的使用功能为目的。只考虑功能,没有经济条件作保证,再好的设计也是无法实现的。同样在设计中只考虑经济条件,脱离其实用功能,这种园林也不会为人们所接受。

须统一考虑,不能分割开来,地形、地貌经过利用和改造可以丰富园林的景观,而建筑道路是实现园林功能的重要组成部分,植物将生命赋予自然,将绿色赋予大地,没有植物就不能成为园林,没有丰富的、富于变化的地形、地貌和水体就不会满足园林的艺术要求。好的园林布局是将这三者统一起来,既有分工又有结合。

2. 因地制宜,巧于因借

在园林中,地形、地貌和水体占有很大比例。地形可以分为平地、丘陵地、山地、凹地等。在建园时,应该最大限度地利用自然条件,对于低凹地区,应以布局水景为主,而丘陵地区,布局应以山景为主,要结合其地形地貌的特点来决定,不能只从设计者的想象来决定,例如北京陶然亭公园(图4-16、图4-17),在新中国成立前为城南有名的臭水坑,新中国成立后,政府采用挖湖蓄水的方法,把挖出的土方在北部堆积成山,在湖内布置水景,为人们提供一个水上活动场所,也创造出一个景观秀丽、环境优美的园林景点。

图4-16　北京陶然亭公园(一)　　　图4-17　北京陶然亭公园(二)

3. 主景突出,主题鲜明

任何园林都有固定的主题,主题是通过内容表现的。植物园的主题是研究植物的生长发育规律,对植物进行鉴定、引种、驯化,同时向游人展示植物界的客观自然规律及人类利用植物和改造植物的知识,因此,在布局中必须始终围绕这个中心,使主题能够鲜明地反映出来。在整个园林布局中要做到主景突出,其他景观(配景)必须围绕主景进行安排,同时又要对主景起到"烘云托月"的作用。①

4. 时间与空间的规定性

园林是存在于现实生活中的环境之一,在空间与时间上具有规定性。园林必须有一定的面积指标作保证才能发挥其作用。同时园林存在于一定的地域范围内,与周边环境必然存在着某些联系,这些环境将对园林的功能产生重要的影响,例如北京颐和园的风景效果受西山、玉泉山的影响很大,在空间上不是采用封闭式,而是把园外环境的风景引入到园内,这种做法称之为借景,这种做法超越了有限的园林空间(图 4-18、图 4-19)。

图 4-18　颐和园南湖景色

图 4-19　颐和园西堤景色

但有些园林景观在布局中是采用闭锁空间,例如颐和园内谐趣园,四周被建筑环抱,园内风景是封闭式的,这种闭锁空间的景物同样给人秀美之感(图 4-20)。

---

① 配景的存在能够与主景起到"相得而益彰"的作用时,才能对构图有积极意义,例如北京颐和园有许多景区,如佛香阁景区、苏州河景区、龙王庙景区等,但以佛香阁景区为主体,其他景区为次要景区,在佛香阁景区中,以佛香阁建筑为主景,其他建筑为配景。配景对突出主景的作用有两方面,一是从对比方面来烘托主景,例如,平静的昆明湖水面以对比的方式来烘托丰富的万寿山立面。另一方面是从类似方式来陪衬主景,例如西山的山形、玉泉山的宝塔等则是以类似的形式来陪衬万寿山的。

图 4-20　四周被建筑环抱形成封闭式园林的谐趣园

　　园林布局在时间上的规定性,一是指园林功能的内容在不同时间内是有变化的;另一方面是指植物随时间的推移而生长变化,直至衰老死亡,在形态上和色彩上也在发生变化,因此,必须了解植物的生长特性。植物有衰老死亡,而园林应该日新月异。

(二)园林景观布局的样式

1. 规则式布局

　　规则式布局的特点是强调整齐、对称和均衡。规则式的园林布局通常有明显的主轴线,园林道路由直线或有轨迹可循的曲线构成,园林景观设计中的建筑、广场、水体轮廓、植物修剪等多采用几何形状,展现出对称式的规整感觉。规则式的园林景观设计,以意大利台地园和法国宫廷园为代表,给人以整洁明快和富丽堂皇的感觉。遗憾的是缺乏自然美,一目了然,欠含蓄,并有管理费工之弊(图 4-21、图 4-22)。

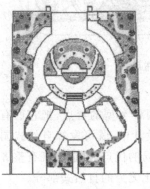

图 4-21　规则对称式

图 4-22　意大利台地园——埃斯特庄园

2. 自然式布局

自然式布局构图没有明显的主轴线,其曲线也无轨迹可循。地形、广场、水岸、道路皆自由灵活;建筑物造型强调与地形相结合,植物配置充分利用其自然生长姿态,构成生动活泼的自然景观。自然式园林景观在世界上以中国的山水园与英国式的风致园为代表(图 4-23、图 4-24)。

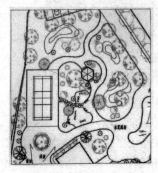

图 4-23 自然式布局

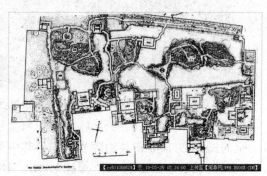

图 4-24 苏州拙政园的平面图

3. 规则不对称式布局

规则不对称式布局是指园林绿地的构图是有规则的,即所有的线条都有轨迹可循,但没有对称轴线,所以空间布局比较自由灵活。林木的配置多变化,不强调造型,绿地空间有一定的层次和深度。这种类型较适用于街头、街旁以及街心块状绿地(图 4-25)。

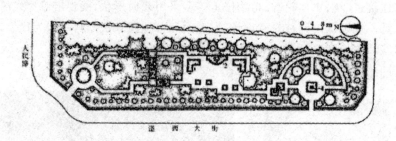

图 4-25 规则不对称式布局

4. 混合式布局

混合式园林景观设计是综合规则与自然两种类型的特点,把它们有机地结合起来。这种形式应用于现代园林景观设计中,既可发挥自然式园林布局设计的传统手法,又能吸取西洋整齐式布局的优点,创造出既有整齐明朗、色彩鲜艳的规则式部分,又有丰富多彩、变化无穷的自然式部分。

第四节　园林景观的造景手法

在园林绿地中,因借自然、模仿自然、组织创造供人游览观赏的景色谓之造景。园林设计离不开造景,如面临的是美丽的自然风景,首要的就是通过造园的手法展现自然之美,或借自然之美来丰富园内景观;若是人工造景,要根据园林规模因地制宜、因时制宜,遵循中国传统造园中"师法自然"的重要法则,这就需要设计师匠心巧用、巧夺天工,从而达到虽由人作、宛自天开的效果。总体来看,园林中常用的造景手法主要有以下几种。

一、突出主景

园林景观无论大小、简繁,均宜有主景与配景之分。

主景是园林设计的重点,是视线集中的焦点,是空间构图的中心,能体现园林绿地的功能与主题,富有艺术上的感染力。配景对主景起重要的衬托作用,没有配景就会使主景的作用和景观效果受到影响,所谓"红花还得绿叶衬"正是此道理。主景与配景两者相得益彰又形成一个艺术整体。

例如,北京北海公园的主景是琼华岛和团城,其北面隔水相对的五龙亭、静心斋、画舫斋等是其配景。主景与配景是相互依存、相互影响、缺一不可,它们共同组成一个整体景观。

主景集中体现着园林的功能与主题。例如,济南的趵突泉公园,主景就是趵突泉,其周围的建筑、植物均是来衬托趵突泉的。在设计中就要从各方面表现主景,做到主次分明。园林的主景有两个方面的含义,一是指全园的主景;二是指局部的主景。大型的园林绿地一般分若干景区,每个景区都有主体来支撑局部空间。所以在设计中要强调主景,同时做好配景的设计来更好地烘托主景。

在园林设计时,为了突出重点,往往采用突出主景的方法,常用的手法有以下几种。

(一)升高主体

在园林设计中,为了使构图的主题鲜明,常常把集中反映主题的主景在空间高度上加以突出,使主景主体升高。"鹤立鸡群"的感觉就是独特,引人注目,也就体现了主要性,所以高是优势的体现。升高的主景,由于背景是明朗简洁的蓝天,使其造型轮廓、体量鲜明地衬托出来,而不受或少受其他环境因素的影响。但是升高的主景,一般要在色彩上和明暗上,和明朗的蓝天取得对比。

例如,济南泉城广场的泉标,在明朗简洁的蓝天衬托下,其造型、轮廓、体量更加突出,其他环境因素对它的影响不大。又如,南京中山陵的中山灵堂升高在纪念性园林的最高点来强调突出。再如颐和园的佛香阁(图 4-26)、北海的白塔(图 4-27)、广州越秀公园的五羊雕塑等,都是运用了主体升高的手法来强调主景。

图 4-26 颐和园的佛香阁

图 4-27 北海的白塔

(二)轴线焦点

轴线是园林风景或建筑群发展、延伸的主要方向。轴线焦点往往是园林绿地中最容易吸引人注意力的地方,把主景布置在轴线上或焦点位置就起到突出强调作用,也可布置在纵横轴线的交点、放射轴线的焦点、风景透视线的焦点上。例如,规则式园林绿地的轴线上布置主景,或者道路交叉口布置雕塑、喷泉等。

图 4-28　故宫中轴线上的主景

（三）加强对比

对比是突出主景的重要技法之一,对比越强烈越能使某一方面突出。在景观设计中抓住这一特点就能使主景的位置更突出。在园林中,可在线条、体形、重量感、色彩、明暗、动势、性格、空间的开朗与封闭、布局的规则与自然等方面加以对比来强调主景。如直线与曲线道路、体形规整与自然的建筑物或植物、明亮与阴暗空间、密林与开阔草坪等均能突出主景,例如,昆明湖开朗的湖面是颐和园水景中的主景,有了闭锁的苏州河及谐趣园水景作为对比,就显得格外开阔(图 4-29)。在局部设计上,白色的大理石雕像应以暗绿色的常绿树为背景;暗绿色的青铜像,则应以明朗的蓝天为背景;秋天的红枫应以深绿色的油松为背景;春天红色的花坛应以绿色的草地为背景。

图 4-29　颐和园开阔与闭锁的水面空间

（四）视线向心

人在行进过程中视线往往始终朝向中心位置，中心就是焦点位置，把主景布置在这个焦点位置上，就起到了突出作用。焦点不一定就是几何中心，只要是构图中心即可。一般四面环抱的空间，如水面、广场、庭院等，其周围次要的景物往往具有动势，趋向于视线集中的焦点上，主景最宜布置在这个焦点上。为了不使构图呆板，主景不一定正对空间的几何中心，而偏于一侧。例如，杭州西湖、济南大明湖等，由于视线集中于湖中，形成沿湖风景的向心动势，因此，西湖中的孤山（图4-30）、大明湖的湖心岛（图4-31）便成了"众望所归"的焦点，格外突出。

图 4-30　杭州西湖中的孤山

图 4-31　济南大明湖的湖心岛

（五）构图重心

为了强调和突出主景，常常把主景布置在整个构图的重心处。重心位置是人的视线最易集中的地方。规则式园林构图，主景常居于构图的几何中心，如天安门广场中央的人民英雄纪念碑（图4-32），居于广场的几何中心。自然式园林构图，主景常布置在构图的自然重心上。如中国古典园林的假山，主峰切忌居中，就是主峰不设在构图的几何中心，而有所偏，但必须布置在自然空间的重心上，四周景物要与其配合。

图 4-32　天安门广场中央的人民英雄纪念碑

（六）欲扬先抑

中国园林艺术的传统，反对一览无余的景色，主张"山重水复疑无路，柳暗花明又一村"的先藏后露的构图。中国园林的主要构图和高潮，并不是一进园就展现眼前，而是采用欲"扬"先"抑"的手法，来提高主景的艺术效果。如苏州拙政园中部，进了腰门以后，对门就布置了一座假山，把园景屏障起来，使游人有"疑无路"的感觉。可是假山有曲折的山洞，仿佛若有光，游人穿过了山洞，得到豁然开朗、别有洞天的境界，使主景的艺术感染大大提高。又如苏州留园，进了园门以后，经一曲折幽暗的廊后，到达开敞明朗的主景区，主景的艺术感染力大大提高了。

二、丰富景深

景观就空间层次而言，有前景、中景、背景（也叫近景、中景与远景）之分，没有层次，景色就显得单调，就没有景深的效果。这其实与绘画的原理相同，风景画讲究层次，造园同样也讲究层次。一般而言，层次丰富的景观显得饱满而意境深远（图 4-33）。中国的古典园林堪称这方面的典范。

在绿化种植设计中，也有前景、中景和背景的组织问题，如以常绿的圆柏（或龙柏）丛作为背景，衬托以五角枫、海棠等形成的中景，再以月季引导作为前景，即可组成一个完整统一的景观。

图 4-33 桂林盆景园中具有层次感的草坪空间

三、巧于借景

有意识地把园外的景物"借"到园内可透视、感受的范围中来,称为借景。借景是中国园林艺术的传统手法。明代计成在《园冶》中讲:"借者,园虽别内外,得景无拘远近,晴峦耸秀,绀宇凌空;极目所至,俗则屏之,嘉则收之,不分町疃,尽为烟景。斯所谓'巧而得体'者也。"巧于借景,就是说要通过对视线和视点的巧妙组织,把园外的景物"借"到园内可欣赏到的范围中来。

唐代所建滕王阁,借赣江之景,在诗人的笔下写出了"落霞与孤鹜齐飞,秋水共长天一色"如此华丽的篇章。岳阳楼近借洞庭湖水,远借君山,构成气象万千的画面。在颐和园西数里以外的玉泉山,山顶有玉峰塔以及更远的西山群峰,从颐和园内都可以欣赏到这些景致,特别是玉峰塔有若伫立在园内。这就是园林中经常运用的"借景手法"。

借景能拓展园林空间,变有限为无限。一座园林的面积和空间是有限的,为了扩大景物的深度和广度,组织游赏的内容,除了运用多样统一、迂回曲折等造园手法外,造园者还常常运用借景的手法,收无限于有限之中。借景因视距、视角、时间的不同而有所不同。常见的借景类型有以下几种。

(一)远借与近借

远借就是把园林远处的景物组织进来,所借之物可以是山、水、树木、建筑等。如北京颐和园远借西山及玉泉山之塔(图 4-34),避暑山庄借僧帽山、棒槌峰,无锡寄畅园借锡山(图 4-35),济南大明湖借千佛山等。

图 4-34　颐和园远借玉泉山之塔　　　图 4-35　寄畅园借锡山龙光塔之景

　　近借就是把园林邻近的景色组织进来,如邻家有一枝红杏或一株绿柳、一个小山亭,亦可对景观赏或设漏窗借取,如"一枝红杏出墙来""杨柳宜作两家春""宜两亭"等布局手法(图 4-36)。

图 4-36　红枫把两个被围墙分隔开的空间联系起来

(二)仰借与俯借

　　仰借系利用仰视借取的园外景观,以借高景物为主,如古塔、高层建筑、山峰、大树,包括碧空白云、明月繁星、翔空飞鸟等。如北京的北海借景山,南京玄武湖借鸡鸣寺均属仰借(图 4-37)。仰借视觉较疲劳,观赏点应设亭台座椅。

　　俯借是指利用居高临下俯视观赏园外景物。登高四望,四周景物尽收眼底,就是俯借。俯借所借景物甚多,如江湖原野、湖光倒影等(图 4-38)。

图 4-37 南京玄武湖仰借鸡鸣寺景观

图 4-38 黄山猴子观海俯视借景

（三）因时而借

因时而借是指借时间的周期变化，利用气象的不同来造景。如春借绿柳、夏借荷池、秋借枫红、冬借飞雪；朝借晨霭、暮借晚霞、夜借星月。许多名景都是以应时而借为名的，如杭州西湖的"苏堤春晓""曲院风荷""平湖秋月"（图 4-39）、"断桥残雪"（图 4-40）等。

图 4-39 西湖"平湖秋月"——夜借星月

图 4-40 西湖"断桥残雪"——冬借飞雪

（四）因味而借

因味而借主要是指借植物的芳香，很多植物的花具芳香，如含笑、玉兰、桂花等植物。在造园中如何运用植物散发出来的幽香以增添游园的兴致是园林设计中一项不可忽视的因素。设计时可借植物的芳香来表达匠心和意境。广州兰圃（图 4-41）以兰花著称，每当微风轻拂，兰香馥郁，为园林增添了几分雅韵。

图 4-41 广州兰圃

（五）因声而借

自然界的声音多种多样，园林中所需要的是能激发感情、怡情养性的声音。在我国园林中，远借寺庙的暮鼓晨钟，近借溪谷泉声、林中鸟语，秋借雨打芭蕉，春借柳岸莺啼，均可为园林空间增添几分诗情画意（图 4-42）。

图 4-42　拙政园"听雨轩"——借雨打芭蕉之音

四、善于框景

凡利用门框、窗框、树框、山洞等，有选择地摄取另一空间的优美景色，恰似一幅嵌于境框中的立体风景画称为框景。《园冶》中谓"借以粉壁为纸，而以石为绘也，理者相石皴纹，仿古人笔意，植黄山松柏，古梅美竹，收之园窗，苑然镜游也"。李渔于自己室内创设"尺幅窗"、(又名"无心画")讲的也是框景。扬州瘦西湖的"吹台"，即是这种手法。

框景的作用在于把园林绿地的自然美、绘画美与建筑美高度统一、高度提炼，最大限度地发挥自然美的多种效应。由于有简洁的景框为前景，可使视线集中于画面的主景上，同时框景讲求构图和景深处理，又是生气勃勃的天然画面，从而给人以强烈的艺术感染力。

框景必须设计好入框之对景。如先有景而后开窗，则窗的位置应朝向最美的景物；如先有窗而后造景，则应在窗的对景处设置；窗外无景时，则以"景窗"代之。观赏点与景框的距离应保持在景直径的 2 倍以上，视点最好在景框中心。近处起框景作用的可以是树木、山石、建筑门框或是园林中的圆凳、圆桌。作框景的近处物体造型不可太复杂，所选定远处景色要有一定的主题或特点，也比较完整，目的物与观赏点的距离，不可太近或太远。

框景的手法要能与借景相结合，可以产生奇妙的效果，例如，从颐和园画中游看玉泉山的玉峰塔，就是把玉峰塔收入画框之中。设计框景要善于从三个方面注意，首先是视点、外框和景物三者应有合适的距离，这样才能使景物与外框的大小有合适的比例；其次是"画面"的和谐，例如，透过垂柳看到水中的桥、船,透过松树看到传统的楼阁殿宇,透过洞门看到了园中的亭、榭等,都是谐和而具有统一的氛围;最后是光线和色彩,要摆正边框与景物的光线明暗与色调的主次关系(图 4-43 至图 4-46)。

图 4-43　陶然亭公园从
　　　　　百坡亭望浸月亭

图 4-44　天坛成贞门
　　　　　北望祈年门

图 4-45　日本天寿园从正厅内
　　　　　望双环万寿亭

图 4-46　北京紫竹院
　　　　　公园友贤山馆后院园门

五、妙在透景

透景是利用窗棂、屏风、隔断、树枝的半遮半掩来造景。一般园林是由各种空间组成或分隔的空间,用实墙、高篱、栏杆、土山(假山)等来进行。有的空间需要封闭,不受外界干扰,有的要有透景,要能看到外边的景色,相互资借以增加游览的趣味,使所在空间与周围的区域有连续感、通透感或深远感。

苏州很多庭园的漏窗就可看到相邻庭园的景色,有成排漏窗连续展开画面,好像一组连环画。北海静心斋中韵琴斋南窗正好在碧鲜亭北墙上,打开窗户正好望到北海水面上浮出的琼岛全景。除了这种巧妙的开窗透景以外,还可以借助两山之间、列树之间或是假山石之间,都可以巧妙地安排透景。

透景由框景发展而来,框景景色全现,透景景色则若隐若现,有"犹抱琵琶半遮面"的感觉,含蓄雅致,是空间渗透的一种主要方法。透景不仅限于漏窗看景,还有漏花墙、漏屏风等。除建筑装修构件外,疏林、树干也是好材料,但植物不宜色彩华丽,树干宜空透阴暗,排列宜与景并列;所对景物则要色彩鲜艳,亮度较大为宜(图4-47)。

图 4-47 花窗透景

六、隔景与对景

(一)隔景

凡将园林绿地分隔为不同空间、不同景区的手法称为隔景。隔景即借助一些造园要素(如建筑、墙体、绿篱、石头等)将大空间分隔成若干小空间,从而形成各具特色的小景点。中国园林利用多种隔景手法,创造多种流通空间,使园景丰富而各有特色;同时园景构图多变,游赏其中深远莫测,从而创造出小中见大的空间效果,能激起游人的游览兴趣。

隔景可以组成各种封闭或可以流通的空间。它可以用多种手法和材料,如实隔、虚隔、虚实隔等。在多数场合中,采用虚实并用的隔景手法(图4-48),可获得景色情趣多变的景观感受。

图 4-48 虚实并用的隔景手法

（二）对景

对景即两景点相对而设，通常在重要的观赏点有意识地组织景物，形成各种对景。景可以正对，也可以互对。位于轴线一端的景叫正对景，正对可达到雄伟庄严、气魄宏大的效果。正对景在规则式园林中常成为轴线上的主景。如北京景山万春亭是天安门—故宫—景山轴线的端点，成为主景。在轴线或风景视线两端点都有景则称互为对景。互为对景很适于静态观赏。互对景不一定有严格的轴线，可以正对，也可以有所偏离。

互对景的重要特点：此处是观赏彼处景点的最佳点，彼处亦是观赏此处景点的最佳点。如留园的明瑟楼（图 4-49）与可亭（图 4-50）就互为对景，明瑟楼是观赏可亭的绝佳地点，同理，可亭也是观赏明瑟楼的绝佳位置。又如颐和园的佛香阁建筑与昆明湖中龙王庙岛上的涵虚堂也是。

图 4-49 可亭看明瑟楼

图 4-50 从明瑟楼看可亭

七、障景与夹景

（一）障景

在园林绿地中凡是抑制视线、引导空间的屏障景物叫障景。如拙政园中部入口处为一小门，进门后迎面一组奇峰怪石；绕过假山石，或从假山的山洞中出来，方是一泓池水，远香堂、雪香云蔚亭等历历在望。障景还能隐藏不美观和不求暴露的局部，而本身又成一景。

障景多用于入口处，或自然式园路的交叉处，或河湖港汊转弯处，使游人在不经意间视线被阻挡并被组织到引导的方向。障景务求高于视线，否则无障可言。障景常应用山、石、植物、建筑（构筑物）、照壁等，如图 4-51、图 4-52 所示。

图 4-51　树丛障景

图 4-52　照壁障景

（二）夹景

为了突出优美景色，常将左右两侧的贫乏景观以树丛、树列、土山或建筑物等加以屏障，形成左右较封闭的狭长空间，这种左右两侧的前景叫夹景。夹景所形成的景观透视感强，富有感染力；还可以起到障丑显美的作用，增加园景的深远感，同时也是引导游人注意的有效方法（图 4-53）。

图 4-53　雕塑物和树丛夹景

八、点景与题景

（一）点景

点景即在景点入口处、道路转折处、水中、池旁、建筑旁，利用山石、雕塑、植物等成景，增加景观趣味（图4-54、图4-55）。

图4-54　点景——石头　　　　图4-55　点景——枯枝与石头的结合

（二）题景

中国的古典园林善于抓住每一景观特点，根据它的性质、用途，结合空间环境的景象和历史，高度概括，常做出形象化、诗意浓、意境深的题咏。题咏的对象更是丰富多彩，无论景象、亭台楼阁、一门一桥、一山一水，还是名木古树都可以给以题名、题咏。例如，济南大明湖的月下亭悬有"月下亭"三字匾额，为清代著名文学家、山东提督学政使阮元书；亭柱上楹联"数点雨声风约住，一花影月移来"，为清末大学者梁启超撰（图4-56）。沧浪亭的石柱联"清风明月本无价，近水远山皆有情"（图4-57），此联更是一幅高超的集引联，上联取自于欧阳修的《沧浪亭》，下联取自于苏舜钦的《过苏州》，经大师契合，相映成辉。①

---

① 这些诗文不仅本身具有很高的文学价值、书法艺术价值，而且还能起到概括、烘托园林主题、渲染整体效果，暗示景观特色，启发联想，激发感情，引导游人领悟意境，提高美感格调的作用，往往成为园林景点的点睛之笔。又如颐和园万寿山、知春亭、爱晚亭、南天柱、迎客松、兰亭、花港观鱼、纵览云飞、碑林等。题景手法不但点出了景的主题，丰富了景的欣赏内容，增加了诗情画意，给人以艺术联想，还有宣传装饰和导游的作用。

图 4-56　月下亭的亭柱联

图 4-57　沧浪亭的石柱联

第五章　园林中的种植设计

以植物为设计素材进行园林景观的创造是园林设计所特有的。植物是园林景观中一个鲜活的要素,设计者把它发挥到极致,景观也就被赋予了生命的活力。

而植物这一有生命的设计要素有着与其他园林要素不一样的特征,进行种植设计时既要考虑植物本身生长发育的特点,又要考虑植物对生物环境的营造,同时也要满足功能需要,遵循一定的种植方法和设计原则,既要讲究科学性又要讲究艺术性。

第一节　园林植物的功能与类型

一、园林植物的功能

园林设计中的唯一具有生命的要素,那就是植物,这也是区别其他要素的最大特征。树木、花卉、草坪遍及园林的各个角落。植物使园林披上绿衣,呈现色彩绚丽的景象;植物可以遮阳、造氧,使空气湿润清新;植物还可以保持水土,有利于长久地维持良好的生态环境;植物的四季色彩变化更增添了园林的魅力……总体来看,园林植物主要有两大功能,即生态功能和审美功能,具体如下。

(一)生态功能

园林植物对生态环境起着多方面的改善作用,表现为净化空气、保持水土、吸附粉尘、降音减噪、涵养水源、调节气温、湿度等方面。植物还能给环境带来舒畅、自然的感觉。

1. 净化空气

(1)吸收二氧化碳放出氧气。园林植物通过光合作用,吸收空气中的二氧化碳,在合成自身需要的有机营养的同时释放氧气,维持城市空气的碳氧平衡。

(2)分泌杀菌素。许多园林植物可以释放杀菌素,如丁香酚、松脂、核桃醌等。绿地空气中的细菌含量明显低于非绿地,对于维持洁净卫生的城市空气,具有积极的意义。

（3）吸收有害气体。园林植物可以吸收空气中的二氧化硫、氯气、氟气、氢等有毒气体,并且可以将这些物质吸收降解或富集于体内,从而减少空气中有害物质的含量,对于维持洁净的生存环境具有重要作用。

2. 吸附粉尘

园林植物具有粗糙的叶面和小枝,许多植物的表面还有绒毛或黏液,能吸附和滞留大量的粉尘颗粒。降雨可以冲刷掉吸附在叶片上的粉尘,使植物恢复滞尘能力。

3. 调节气温

园林植物的树冠可以反射部分太阳辐射热,而且通过蒸腾作用吸收空气中的大量热能,降低环境的温度,同时释放大量的水分,增加空气湿度。园林植物的树冠在冬季反射部分地面辐射,减少绿地内部热量的散失,又可降低风速,使冬季绿地的温度比没有绿化地面的温度高。

4. 保持水土

在我国西北地区风沙较大,常用植物屏障来阻挡风沙的侵袭,作为风道又可以引导夏季的主导风。具有深根系的植物、灌木和地被等植物可作为护坡的自然材料,用来保持水土、防风固沙、涵养水源。

（二）审美功能

1. 可作主景、背景和季相景色

植物材料可作主景,并能创造出各种主题的植物景观。作为主景的植物景观要有相对稳定的形象,不能偏枯偏荣。植物材料还可作背景,背景植物材料一般不宜用花色艳丽、叶色变化大的种类。季相景色是植物材料随季节变化而产生的暂时性景色,具有周期性,通常不宜单独将季相景色作为园景中的主景。植物种类在空间上搭配得错落有致,可达到春季繁花似锦,夏季绿树成荫,秋季硕果累累,冬季银装素裹的艺术效果。

2. 可作障景、漏景和框景作用

引导和屏障视线是利用植物材料创造一定的视线条件来增强空间感提高视觉空间序列质量。"引"和"障"的构景方式可分为借景、对景、漏景、夹景、障景及框景等,起到"佳则收之,俗则屏之"的作用。

障景——"嘉则收之,俗则屏之"。这是中国古典园林中对障景作用的形象描述,使用不通透植物,能完全屏障视线通过,达到全部遮挡的目的。

漏景——采用枝叶稀疏的通透植物,其后的景物隐约可见,能让人获得一定的神秘感。

3. 构成空间

植物可用于空间中的任何一个平面,以不同高度和不同种类的植物来围合形成不同的空间。空间围合的质量决定于植物材料的高矮、冠形、疏密和种植的方式。

除此之外,植物配置可以衬托山景、水景,使之更加生动;在建筑旁边的植物可以丰富和强调建筑的轮廓线。

二、园林植物的类型

在实际应用中,综合植物的生长类型、应用法则,把园林植物作为景观材料分成乔木、灌木、花卉、藤本、草坪和水生植物六种类型。

(一)乔木

乔木有独立明显的主干,可分为小乔(高度 5～10m)、中乔(高度 10～20m)大乔(高度 20m 以上),是园林植物景观营造的骨干材料。乔木树体高大,枝叶繁茂,生长年限长,管理粗放,绿化效益高,常可观花、观果、观叶、观枝干、观树形等。按植物的生长特性把乔木分为常绿类、落叶类。

1. 常绿乔木

叶片寿命长,一般在一年至多年,每年仅仅脱落部分老叶,才能增长新叶,新老叶交替不明显,因此全树终年有绿色,所以呈现四季常青的自然景观。常绿树又可分为常绿针叶类和常绿阔叶类。针叶类如油松、雪松、白皮松、黑松、华山松、云杉、冷杉、南洋杉、桧柏、侧柏等;阔叶类如广玉兰、山茶、女贞、桂花等。

2. 落叶乔木

每年秋冬季节或干旱季节叶全部脱落的乔木。落叶是植物减少蒸腾、度过寒冷或干旱季节的一种适应,这一习性是植物在长期进化过程中形成的。落叶乔木包括落叶针叶树类和落叶阔叶树类。落叶针叶树类如金钱松、落羽杉、水杉、水松、落叶松等;落叶阔叶树类如银杏、梧桐、栾树、鹅掌楸、白蜡、紫叶李、法桐、毛白杨、柳树、榆树、玉兰、国槐等。

(二)灌木

灌木通常指那些没有明显的主干、呈丛生状态的树木,一般可分为观花类、观果类、观枝干类等。灌木种类繁多,形态各异,在园林设计中占有重要地位,主要用于分隔与围合空间。对于小规模的景观环境来说,则用在屏蔽视线与限定不同功能空间,如组织较私密性活动场所。小灌木的空间尺度最具亲和性,而且其高度在视线以下,在空间设计上具有形成矮墙、篱笆以及护栏的功能。常用灌木有海棠、月季、紫叶小檗、金叶女贞、黄杨、牡丹、樱花、榆叶梅、紫薇、迎春、碧桃、紫荆、连翘、棣棠、白蜡等。有些花灌木常植成牡丹园、樱花园等。

(三)花卉

草本花卉为草质茎,含木质较少,茎多汁,支持力较弱,茎的地上部分在生长期终了时就枯死。它的主要观赏及应用价值在于其花叶色彩形状的多样性,而且其与地被植物结合,不仅增强地表的覆盖效果,更能形成独特的平面构图。

草本花卉的视觉效果是通过量来实现的,没有植物配置在"量"上的积累,就不会形成植物景观"质"的变化。在城市景观中,经常可以栽植在花坛、花台和花境,又可植栽于园林绿地的一角,独成一景。在绿化时选择不同类型和不同品种种植,可根据市场或应用需要通过控制温度、日照等方法人为控制其开花期,以丰富节日或特殊的需要,还能带来可观的经济效益。

常用的草本花卉按其生育期长短不同分为以下三类。

(1)一年生草本花卉:生长期一年,当年播种,当年开花、结果,当年死亡,如一串红、鸡冠花、凤仙花。

(2)两年生草本花卉:生长期两年,一般是在秋季播种,到第二年春夏开花、结实直至死亡,如石竹、三色堇等。

(3)多年生草本花卉:生长期在两年以上,它们的共同特征是都有永久性的地下根、茎,常年不死,如美人蕉、大丽花、郁金香、唐菖蒲、菊花、芍药、鸢尾等。

(四)藤本

藤本植物的茎细长而弱,不能直立,只能匍匐地面或缠绕或攀援墙体、护栏或其他支撑物上升。藤本植物在增加绿化面积的同时还起到柔化附着体的作用。具木质茎的称木质藤本植物,具草本茎的称草质藤本植物。木质藤本植物如紫藤、葡萄;草质藤本植物如牵牛花、葫芦。

(五)草坪

草坪是用多年生矮小草本植株密植,并经修剪的人工草地。草坪不仅美化景观,还可以覆盖地面,涵养水分。它一般种植于房前屋后、广场、空地,供观赏、游憩;也有植于足球场作运动场地之用;还有植于坡地和河坝作保土护坡之用。18世纪中期,大量使用草坪就是英国自然风景园的最大特点,而中国近代园林中也开始用草坪。常用的草坪植物主要有结缕草、狗牙根草、早熟禾、剪骨颖、野牛草、高羊茅、黑麦草等。

（六）水生植物

水生植物指生理上依附于水环境、至少部分生殖周期发生在水中或水表面的植物类群。水生植物有挺水植物、浮叶植物、沉水植物和自由漂浮植物。水生植物可以大大提高水体景观的观赏价值。

第二节　园林植物的种植方法与原则

一、园林植物的种植方法

（一）孤植

孤植（图5-1）栽种一种植物的配植方式,此树又称孤植树。单独种植的植物往往具有较好的独立观赏性,能够很好地展现自身形态。孤植树的树种选择要求较高,一般树下不得配植灌木。其树种选择一般有两种分类方式:一种是作为局部空间主景用于观赏的树种,此类树木不一定要高大浓密,但应具有优美曲折的枝干、形态利落的树叶、艳丽炫彩的花朵等较具观赏价值的元素,参考树种如雪松、金钱松、梅花、桂花、银杏、合欢、枫香、重阳木等;另一种是起庇荫作用、能够供人遮阴纳凉的高大树种,这类树种宜选择冠大荫浓、体形雄浑、分枝点高的树木。

图5-1　孤植

（二）对植

对植（图 5-2）是指两株相同或品种相同的植物，按照一定的轴线关系，以完全对称或相对均衡的位置进行种植的一种植物配植方式。该方式主要用于出入口及建筑、道路、广场两侧，起到一种强调作用，若成列对植则可增强空间的透视纵深感有时还可在空间构图中作为主景的烘托配景使用。

图 5-2　对植

（三）列植

列植（图 5-3）是将乔灌木等按一定的株距、行距，成行或成列栽植的一种植物配植方式。它是规则式种植的一种基本形式，多运用于规则式种植环境中。若种植行列较少，在每一成行内株距可以有所变化，但在面积广阔大范围种植的树林中一般列距较为固定。

列植广泛用于园路两侧、较规则的建筑和广场中心或周围、围墙旁、水池等处。在与道路配合时，还有夹景的效果，可以增加空间的透视感，形成规整、气势宏大的道路景观。

（四）丛植

丛植（图 5-4）是指三株及其以上的同种或异种的乔木和灌木混合栽种的一种种植类型。丛植所形成的种植类型也叫树丛，这是自然式园林中较具艺术性的一种种植类型。之所以称其较具艺术性，是因为丛植的方式能够展示植物的双重美感，既可以以群体的形式展现组合美、整体美，也可以以单株的形式展现个体美。对于群体美感的表现，应注重处理树木株间、种间的关系；而鉴于单株观赏这一性质，在挑选植物树种之时也有着同孤植类似的要求，也应在树姿、色彩、芳香等各方面有较高的观赏价值。树丛在功能上可作为主景或配景使用，也可作背景或隔离、庇荫之用。

图 5-3　列植　　　　　　　　　　　图 5-4　丛植

（五）群植

群植（图 5-5）是以二三十株同种或异种的乔木或乔灌木混合搭配组成较大面积树木群体的种植方式。这是园林立体栽植的重要种植类型，群植所形成的相应的种植类型称为树群。树群较树丛植株数量多、栽植面积大，主要表现的是植物群体美，因此在树种选择上没有像对单株植物要求那样严格。对于树群的规模来讲也并非越大越好，一般长度应不大于 60m，长宽比不大于 3∶1 这个数值。

群植的用途较为广泛，首先能够分隔空间，起到隔离的作用或是形成不完全背景；其次，也可以同孤植、丛植树木一样成为园林局部空间的主景；再次，由于树群树木较多，整体的树冠组织较为严密，因此又有良好的庇荫效果。

（六）林植

林植（图 5-6）是指在园林中成片、成块的栽植乔灌木，以构成林地和森林景观的种植形式。林植所形成的种植类型称为树林，也叫风景林，是园林中植株最多的一种栽植形式，它以组合植物景观体现群体植物的壮观之景。林植可按林木密度的不同分为密林和疏林两种。

图 5-5　群植　　　　　　　　　　　图 5-6　林植

（七）篱植

篱植（图 5-7）是用乔木或灌木以相同且较近的株、行距及单行或双行的形式密植而成的篱垣，又称绿篱、绿墙或植篱。

篱植可根据功能要求和观赏特性的不同，划分为常绿篱、落叶篱、彩叶篱、花篱、果篱、刺篱、蔓篱和编篱；也可根据绿篱的不同高度，按 160cm、120cm、50cm 三个档分为高绿篱、中绿篱、矮绿篱。

（八）花坛

花坛（图 5-8）是指在一定的几何形形体植床之内，植以各种不同的观赏植物或花卉的一种植物配植方式。它是园林中装饰性极强的一种造园元素，常作为主景或配景使用，其中作为主景或配景的花坛是以表现植物的群体美为主。

图 5-7　篱植　　　　　　　　　图 5-8　花坛

（九）花境

花境是指在与带状花坛有着相似规则式轮廓的种植床内，采用自然式种植方式配植植物的一种花卉种植模式。按规则方式划分，花境有单面观赏和双面观赏两种。单面观赏花境是指将植物配植处理成斜面，同时辅以背景以供游人观赏，但只为单面观赏，其种植床宽度一般为 3～5m；双面观赏花境是指将植物配植处理成锥形，无须设置背景，供游人作双面观赏，其种植床宽度一般为 4～8m。

（十）花丛

花丛是指数量从三株到十几株的花卉采取自然式方式配植而成的一种种植类型。常布置于不规则的道路两旁和树林边缘，也可作局部点缀草坪之用。

在花丛花卉的选择上,可以是同一品种,也可以是多种品种的混合,但应保证同一花丛内花卉品种要有所限制,不宜过多,另外在形态、色彩、大小上也要有所变化;在组合配植方式上,以不同品种的规律性块状平面组合为宜,且不可分单株不规则的乱植于花丛内。较常用的花丛花卉品种如萱草、芍药、郁金香等。

二、园林植物的设计原则

(一)科学原则

1. 垂直化

因水平方向绿化面积是有限的,要想在有限的空间发挥生态效益最大化,就得进行垂直方向的绿化。垂直绿化可分为围墙绿化、阳台绿化、屋顶花园绿化、悬挂绿化、攀爬绿化等,主要是利用藤本攀缘植物向建筑物垂直面或棚架攀附生长的一种绿化方式。垂直绿化具有充分利用空间、随时随地、简单易行的特点,而且占地少、见效快,对增加绿化面积有明显的作用。

垂直绿化不仅起到绿化美观的作用,还可以柔化建筑体、增加建筑物的艺术效果、遮阳保温。如在垂直方向上采用不同树木的混交方式,将快长与慢长、喜光与耐阴、深根系与浅根系、乔木与灌木等不同类型的植物相互搭配,创造立面上丰富的层次效果。用于垂直绿化的植物材料,应具备攀附能力强、适应性强、管理粗放、花叶繁茂等特点。常用的有金银花、五味子、紫藤、牵牛花、蛇葡萄、猕猴桃、蔷薇等。

2. 乡土化

每个地方的植物都是经过对该地区生态因子长期适应的结果,这些植物就是地带性植物,也就是业内常说的乡土树种。乡土植物是外来树种所无法比拟的,对当地来说是最适宜生长的,也是体现当地特色的主要因素,它理所当然成为园林绿化的主要来源。

乡土化就是因地制宜、突出个性,合理选择相应的植物,使各种不同习性的景观植物与之生长的立地环境条件相适应,这样才能使绿地内选用的多种景观植物能够正常健康地生长,形成生机盎然的景观。

(二)生态原则

植物系统是一个极为丰富的生态系统,同时也是一个复杂的生态系统。植物因自身生态习性的差别,每一种植物都有其固有的生态习性,对光、土、水、气候等环境因子有不同的要求,如有的植物是喜阳的,有的是耐荫的,有的是耐水湿的,有的是干生的,有的是耐热的,有的是耐寒的……因此,要针对各种不同的立地条件来选择适应的植物,尽量做到"适地适树"。鉴于此,设计师要了解各种植物的不同习性,合理选种相应的植物,使之与生长的立地环境条件相适应,发挥植物最大的作用。

(三)审美原则

植物景观设计就是以乔、灌、草、花卉等植物来创造优美的景观,以植物塑造的景是供人观赏的,必须给人带来愉悦感,因而必须是美的,必须满足人们的视觉心理要求。植物景观设计可以从两方面来体现景观的美。

1. 植物景观的形式美

植物景观的形式美,即通过植物的枝、叶、花、果、冠、茎呈现出的不同色彩和形态,来塑造植物景观的姿态美、季相美、色彩图案美、群落景观美等。如草坪上大株香樟或者银杏,能独立成景,体现其入画的姿态美;又如红枫、红叶李、无患子等红叶植物与绿叶植物配置,形成强烈的色彩对比;杜鹃、千头柏、金叶女贞等配置成精美的图案,体现植物图案美、色彩美;开花植物、花卉则表现植物的季相美等。总之,春的娇媚,夏的浓荫,秋的绚丽,冬的凝重都是通过植物形式美来体现的。

2. 植物景观的意境美

意境是指形式美之外的深层次的内涵,前面讲的是植物外在的形式美,意境美则是景的灵魂。园林景观设计中最讲含蓄,往往通过植物的生态习性和形态特征性格化的比喻来表达强烈的象征意义,渲染一种深远的意境,如古典园林景观设计善用松、竹、梅、榆、枫、荷等植物来寓意人物性格和气节。

正因植物能表现深远的意境美,无论古典园林还是现代景观设计,以植物作为主题的例子很多,如杭州老西湖十景中的"柳浪闻莺""曲院风荷""苏堤春晓",新西湖十景中的"孤山赏梅""灵峰探梅""云栖竹径""满陇桂雨"等都以植物为主题。

(四)经济原则

园林植物景观在满足生态、观赏等要求的同时还应该考虑经济要求,结合生产及销售选择具有经济价值的观赏植物,充分发挥园林植物配置的综合效益,特别是增加经济收益。如对生存环境要求较小的植物进行规划种植,可选植物如柿子、山里红等果实植物,核桃、樟树等油料植物;合欢、杜仲、银杏等具有观赏价值的药用植物;桂花、茉莉、玫瑰、月季等观赏价值较高的芳香植物;荷花等既可观赏又可食用的水生植物。

第三节 各类植物的种植设计

一、乔灌木的种植设计

乔灌木是园林植物中的重要组成部分,在组织空间、营造景观和生态保护方面起着主导作用,是园林景观绿化的骨架。乔灌木的种植主要分为规则式和自然式两类种植设计方式。前者整齐、严谨,具有一定的种植株行距,而且按固定的方式排列;后者自然、灵活,参差有致,没有一定的株行距和固定的排列方式。

(一)规则式

1. 中心植

在广场、花坛等中心地点,可种植树形整齐、轮廓严整、生长缓慢、四季常青的园林树木。

2. 对植

对植一般是指两株树或两丛树,按照一定的轴线关系,左右相互对称或均衡的种植方式。主要用于公园、建筑、道路、配景或夹景,很少作为主景。对植在规则式或自然式的园林景观绿化设计中都有广泛的运用。

3. 环植

这是按一定株距把树木栽为圆环的一种方式,有时仅有一个圆环,甚至半个圆环,有时则有多重圆环。一般圆形广场多应用这种栽植方式。

4. 行列栽植

行列栽植系指乔灌木按一定的株行距成行成排的种植,行内株距可变化,形成整齐、单纯、统一的景观。

5. 正方形栽植

按方格网,在交叉点种植树木株行距相等。优点是透光通风良好,便于培育管理和机械操作。缺点是幼龄树苗,易受干旱、霜冻、日灼和风害的影响,又易造成树冠密接,对密植不利,一般在规则大片绿地中应用。

6. 长方形栽植

长方形栽植是正方形栽植的一种变形,其特点为行距大于株距。此种植方式,在我国南北果园中应用极为普遍,均有悠久的历史,可起到彼此簇拥的作用,为树苗生长创造了良好的环境条件,而且可在同样单位面积内栽植较多的株数,实现合理密植。长方形栽植兼有正方形和三角形两种栽植方式的优点,而避免了它们的缺点,这是目前一种较好的栽种方式。

7. 三角形栽植

株行距按等边或等腰三角形排列。每株树冠前后错开,故可在单位面积内,比用正方形方式栽植较多的株数,经济利用土地面积。但通风透光较差,机械化操作不及正方形便利。一般在多行密植的街道树和大片绿地中应用。

(二)自然式

1. 孤植

孤植树主要表现植株个体的特点,突出树木的个体美。因此要选择观赏价值高的树种。

2. 非对称种植

非对称种植用在自然式园林景观设计中,植物虽不对称,但左右均衡。自然式的栽植起到陪衬主景和诱导树①的作用。

3. 丛植

丛植是由两株到十几株同种或异种的乔木或乔、灌木自然栽植在一起而成的种植类型。种植形式依树木株数组合分为两株一丛、三株一丛、四株一丛、五株树丛、六株以上的树丛组合等。树丛造景的要求有以下七点:第一,主次分明,统一构图;第二,起伏变化,错落有致;第三,科学搭配,巧妙结合;第四,观赏为主,兼顾功能;第五,四面观赏,视距适宜;第六,位置突出,地势变化;第七,整体为一,数量适宜。

4. 群植

群植是由众多乔灌木(一般在 20 株以上)混合成群栽植在一起的种植类型。群植主要表现为群体美,重点考虑树冠上部及林缘外部的整体的起伏曲折韵律及色彩表现的美感。

5. 树林

凡成片大量栽植乔灌木,构成林地和森林景观的种植类型,叫树林。树林可分为密林和疏林两种。

---

① 诱导树:起诱导作用的孤植树,多布置在自然式园路、河岸、溪流的转弯及尽端视线焦点处,引导游人的行进方向。

疏林是指郁闭度为 0.4～0.6 的树林。疏林是园林中应用最多的一种形式,适合游人的休息、看书、摄影、野餐、游戏、观景等活动。造景的要求有以下三点:第一,满足游憩活动的需要;第二,树种以大乔木为主;第三,林木配植疏密相间。

密林是指郁闭度为 0.7～1.0 的树林。密林中阳光很少透入,地被植物含水量高,经不起踩踏。因此,一般不允许游人步入林地之中,只能在林地内设置的园路及场地上活动。

二、花卉的种植设计

园林花卉使整个景观丰富多彩。因此,花卉、草坪及地被植物等是园林景观设计中重要的组成部分。在这里,花卉种植分规则式和自然式两种布置形式。

(一)规则式

1. 花坛

花坛的最初含义是在具有几何形轮廓的植床内,种植各种不同色彩的花卉,运用花卉的群体效果来体现图案纹样,或观赏盛花时绚丽景观的一种花卉应用形式,以突出鲜艳的色彩或精美华丽的纹样来体现其装饰效果。

2. 花境

花境是园林景观绿地中又一种特殊的种植形式,是以树丛、树群、绿篱、矮墙或建筑物作背景的带状自然式花卉布置形式,是模拟自然界中林地边缘地带多种野生花卉交错生长的状态,运用艺术手法提炼、设计成的一种花卉应用形式。花境中植物选择应注意适应性强,可露地越冬,花期长或花叶兼备。

(二)自然式

1. 自然式花丛

花丛在园林景观绿地中应用极为广泛,它可以布置在大树脚下、岩石旁、溪边、自然式的草坪中和悬崖上。花丛之美不仅要欣赏它的色彩,还要欣赏它的姿态。适合做花丛的花卉有花大色艳或花小花茂的宿根花卉。

2. 岩石园

把岩石与岩生植物和高山植物相结合,并配以石阶、水流等构筑成的庭园就是岩石园。由于岩石园的种植形式是模拟高山及岩生植物的生态环境,因而它又是植物驯化栽培的好场所,要比通常盆栽驯化方式优越得多。

三、藤本植物、水生植物和草坪的种植设计

(一)藤本植物的种植设计

藤本植物是园林中的特殊植物材料,在现代城市绿化中的作用越来越被人们认识。利用藤本植物进行垂直绿化,可以利用较小的土地和空间达到较好的绿化效果,扩大绿化面积和空间范围,缓解城市绿化用地紧张的矛盾。藤本植物在园林中的应用主要有以下三个方面。

(1)建筑墙面的藤本绿化设计。粗糙的墙面可选择爬山虎等有吸盘或气生根的藤本植物直接绿化;光滑的墙面以及不能直接攀附于墙面的藤本植物,需要建立网架,使之攀援,达到美化效果。植物的选择与配置在色彩上要与墙面形成一定的反差对比,景观才有美感,如白色的墙面选择开红花的藤本植物。高层建筑,可利用各种容器种植布置在窗台、阳台上。

(2)构架物的藤本绿化设计。用构架形式单独布置的藤本植物,常常成为园林中的独立景观。如在游廊、花架的立柱处,种植藤本植物,构成苍翠欲滴、繁花似锦或硕果累累的植物景观;又如在栏杆、篱笆、灯柱、窗台阳台等处布置藤本植物,均可形成较好的植物景观。

(3)覆盖地面的藤本绿化设计。用根系庞大、牢固的藤本植物覆盖地面,可以保持水土,特别是在竖向变化较大时,其固土作用更加明显。用藤本植物覆盖地面,可以形成较好的园林景观外貌。园林中的假山石也可用藤本植物适当点缀。园林置石质地较硬,又孤立裸露,缺乏生气,适当配置藤本植物,可使石景生机盎然,还可遮盖山石的局部缺陷;但在配置时,应分清主次关系,不可喧宾夺主。

(二)水生植物的种植设计

水体在园林中起着很大的作用,它不仅对环境有净化功能,而且在园林景观的创造上也是重要的造景素材。水生植物的种植设计应注意以下几个问题:①水生植物在水体中的布置不宜太满,应留出一定的水域空间,使周围景观的丽影倒映水中,产生一种虚幻的境域,丰富园林景观;②水生植物的种类和配置方式应根据水体的大小、周围环境等因素来考虑;③在选择水生植物时,应考虑到各自不同的生态习性;④一般说来,水池的水位变化不大或较大时,为保持较好的园林水景,需维持水生植物的生长,故常在水下安置一些设施。若水面较小时,可在池底用砖、大石块作支墩,将盆栽的水生植物放在其上。若水面较大时,可设置种植床于池底,来维持植物的生长。

（三）草坪的种植设计

草坪是指在园林中以矮小的多年生草本植物密植而成，并修剪成致密的人工草地，供人们游憩活动或观赏。园林草坪按用途可分为游憩草坪、观赏草坪（游人不入内）、体育草坪等；按草坪植物的组合可分为单纯草坪（由一种草本植物组成）、混合草坪（几种多年生草本混植而成）和缀花草坪。

草坪植物种类繁多，不同的草坪植物具有不同的特性。理想的草坪植物应具有繁殖容易、生长快、耐践踏、耐修剪、适应性强、绿色期长、使用寿命长以及养护成本低等特点。根据各地自然条件和草坪类型，因地制宜地选择栽植。

任何类型的草坪设计，其地面坡度都应处在该土壤的"自然安息角"（一般为 30°之内，如超过，就应采取工程措施加以护坡，否则易引起水土流失，甚至发生坡岸塌方或崩落。

第六章　园林中的建筑设计

园林离不开建筑。以人为本是园林的宗旨,与人们关系密切的各种建筑在园林中往往都会以主体形象出现。同时,建筑的风格特征最能体现整个园林的特征,最易给人留下深刻的印象。建筑的造型,建筑与围墙所形成的院落,建筑的空间分割,建筑的门窗、廊柱等大量的局部处理,建筑与环境的协调、过渡等,这些成了园林设计中最为复杂的工作。

第一节　园林建筑设计概述

一、园林建筑的风格

建筑材料的发展促进建筑结构的变化。石材创造了古朴庄重的古希腊建筑,原始混凝土创造了恢宏的古罗马建筑,土坯产生了色彩斑斓的波斯建筑,而木材却造就了伟大的中国建筑木框架技术。

(一)中国园林建筑的风格

我国古代建筑的发展演变,可以上溯到六七千年以前的上古时期。从公元前5世纪末的战国时期到清代后期前后共有2400多年,是我国封建社会时期,也是我国古代建筑逐渐成熟、不断发展的时期。

我国古代建筑基本上都是采用的木结构建筑,而且达到了一定的技术水平(图6-1)。

秦汉时期,我国古代建筑有了进一步发展。秦汉时期已有了完整的廊院和楼阁,有屋顶、屋身和台基三部分,和后代的建筑非常相似;建筑的做法如梁柱交接斗棋和平坐、栏杆的形式都表现得很清楚,说明我国古代建筑的许多主要特征都已形成。

兴建于隋朝,由工匠李春设计的河北赵县安济桥是我国古代石建筑的瑰宝,在工程技术和建筑造型上都达到了很高的水平。其中单券净跨37.37m,这是世界上现存最早的"空腹拱桥",即在大拱券之上每端还有两个小拱券。这种处理方式一方面可以防止雨季洪水急流对桥身的冲击,另一方面可减轻桥身自重,并形成桥面缓和曲线(图6-2)。

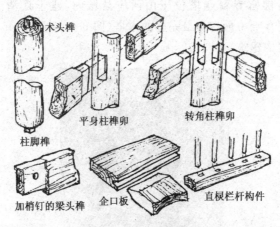

术头榫

平身柱榫卯 转角柱榫卯

柱脚榫

加梢钉的梁头榫 企口板 直棂栏杆构件

图 6-1 木制卯榫构件

图 6-2 河北赵县安济桥

唐朝是我国封建社会经济文化发展的一个顶峰时期,著名的山西五台山佛光寺大殿建于唐大中十一年(875 年),面阔七开间,进深八架椽,单檐四阿顶(图 6-3),是我国保存年代最久、现存最大的木构件建筑,该建筑是唐朝木结构庙堂的范例,它充分地表现了结构和艺术的统一。

图 6-3 山西五台山佛光寺大殿

山西应县佛宫寺释迦塔位于山西应县城内,建于辽清宁二年(1056年),是我国现存唯一最古与最完整的木塔(图 6-4),高 67.3m,是世界上现存最高的木结构建筑。

图 6-4　山西应县木塔

到了明清时期,随着生产力的发展,建筑技术与艺术也有了突破性的发展,兴建了一些举世闻名的建筑。明清两代的皇宫紫禁城(又称故宫)就是代表建筑之一,它采用了中国传统的对称布局的形式,格局严整,轴线分明,整个建筑群体高低错落,起伏开阔、色彩华丽、庄严巍峨,体现了王权至上的思想(图 6-5)。

图 6-5　皇宫紫禁城

"曲径通幽处,禅房花木深。"这是诗中的园林景色,"枯藤老树昏鸦,小桥流水人家。"这是田园景色的诗意。中国园林就是这样与诗有着千丝万缕的联系,彼此不分,相辅相成。苏州园林是私家园林中遗产最丰富的,最为著名的有网狮园、留园、拙政园(图 6-6)等。

图 6-6　苏州拙政园

（二）西方园林建筑的结构

1. 中世纪建筑

（1）拜占庭建筑。395 年，罗马正式分裂为东西两部分，东罗马以君士坦丁堡为首都，后来就叫拜占庭帝国。其建筑在罗马遗产和东方丰厚文化基础上形成了独特的拜占庭体系。

4—6 世纪是拜占庭建筑的兴盛时期，建筑的形式和种类十分多样化，有城墙、道路、宫殿、广场等。由于基督教为国教，所以教堂的规模越建越大，越建越华丽，如规模宏大的圣索非亚教堂（图 6-7）就是帝国在极盛时期的建筑。拜占庭建筑最大的特点就是穹窿顶的大量应用，几乎所有的公共建筑，尤其是教堂都用穹窿顶。而且建筑具有集中性，都是以一个大空间为中心，周围许多小空间围绕，而这个高大的圆穹窿就成了整个建筑的构图中心。

意大利的比萨大教堂（图 6-8）建于 1063—1278 年。这座教堂包括教堂本身及洗礼堂、钟塔和公墓四个部分，其中的钟塔即是人们所熟知的比萨斜塔，它的圆拱柱廊的形式就是典型的"罗马风"风格。再如德国的圣米伽修道院、沃尔姆斯大教堂等都是（9—12 世纪）的主要代表。

图 6-7　圣索非亚教堂

图 6-8　比萨大教堂

(2)哥特式建筑。西欧封建社会盛期(12—15世纪)形成以法国为中心的哥特式建筑。当时的欧洲,封建城市经济占主导地位,这个时期的建筑仍以教堂为主,也有不少城市广场、市政厅等公共建筑,城市住宅也有很大发展。哥特式建筑的风格完全脱离古罗马的影响,其最大的特点就是"高"、"直",所以有人也称哥特式建筑为高直式建筑。

法国著名的巴黎圣母院(图6-9)、亚眠主教堂和德国科隆主教堂,以及意大利的米兰大教堂与圣十字教堂都是哥特式教堂的典型实例。哥特式建筑很有美感,空灵而轻巧,符合多种建筑美的法则。这种不见实体的墙,垂直向上的形式,表现出教堂观念形态的纯洁性,超凡脱俗。

图6-9　巴黎圣母院

2. 文艺复兴建筑

文艺复兴、巴洛克和古典主义是15—19世纪先后流行于欧洲各国的建筑风格。文艺复兴举起的是人文主义大旗,在建筑方面的表现主要有以下几点。

(1)为现实生活服务的世俗建筑的类型大大丰富,质量大大提高,大型府邸成了这个时期建筑的代表作品之一。

(2)各类建筑的型制和艺术形式都有很多新的创造。

(3)建筑技术,尤其是穹顶结构技术进步很大,大型建筑都用拱券覆盖。

(4)建筑师完全摆脱了工匠师傅的身份,他们中许多人是多才多艺的"巨人"和个性强烈的创作者。建筑师大多身兼雕刻家和画家,将建筑作为艺术的综合,创造了很多新的经验。

(5)建筑理论空前活跃,产生一批关于建筑的著作。

(6)恢复了中断数千年之久的古典建筑风格,重新使用柱式作为建筑构图的基本元素,追求端庄、和谐、典雅、精致的建筑形象,并一直发展到19世纪。这种建筑形式在欧洲各国都占有统治地位,甚至有的建筑师把这种古典建筑形式绝对化,发展成为古典主义学院派。

标志着意大利文艺复兴建筑史开始的是佛罗伦萨主教堂的穹顶(图6-10)。

文艺复兴的建筑风格除了表现在宗教建筑上，还体现在大量的世俗建筑中。贵族的别墅、福利院、图书馆、广场等建筑大量出现。当时著名的威尼斯圣马可广场，称得上是世界建筑史上最优秀的广场之一（图6-11）。

图 6-10　佛罗伦萨主教堂　　　　图 6-11　威尼斯圣马可广场

3. 巴洛克建筑

"巴洛克"（bamque）作为一种艺术风格，它源于17世纪的意大利，后来在音乐、绘画、建筑、雕刻及文学上影响到整个西方。

巴洛克式的建筑讲求视觉效果，为建筑设计手法的丰富多彩开辟了新的领域，尤其是在王宫府邸的建筑中更为突出。巴洛克建筑风格主张新奇，追求前所未有的形式，善用矫揉造作的造型来产生特殊的效果，比如用透视的幻觉和增加层次的手法来强调进深；多用烦琐的曲线和曲面，堆砌装饰以制造效果；又善用光影变化、形体的不稳定组合来产生虚幻和动荡的气氛。

罗马的圣彼得大教堂及广场可以说是巴洛克式建筑的代表（图6-12）。它是当时许多建筑师和艺术家历时100多年才建成的世界上最大的天主教堂，当时著名的艺术大师米开朗琪罗为它设计了中央穹窿。

图 6-12　圣彼得大教堂

4.法国古典主义建筑

与意大利巴洛克建筑大致同时而略晚,17世纪法国的古典主义建筑成了欧洲建筑发展的又一个主流。这种风格是继意大利文艺复兴之后的欧洲建筑发展的主流。其代表建筑有法国的枫丹白露宫、卢浮宫(图6-13)、凡尔赛宫及恩瓦立德教堂等。

图6-13　卢浮宫

二、园林建筑设计的原则

园林建筑是指园林中既有使用功能,又有造景、观景功能的各类建筑物和构筑物,它和山水、植物密切配合、构成美妙的园林统一体。

(一)巧于立意,富有情趣

一般来说,园林建筑的立意、体量、布局、造型、色彩等均需经过一番艺术加工、精心琢磨,并能与园林整体环境协调一致,塑造园林景观特色及主题,体现园林文化氛围。

园林建筑对人们的感染力不仅在于形式的美,更在于其深刻的含义,要表达的意境和情趣。作为局部主体景物,园林建筑具有相对独立的意境,更应具有一定的思想内涵,才能成为耐人寻味的作品。因此,设计时应巧于构思、巧于立意,强调精神文化层面上的内容,通过立意构思巧妙的结合自然景观和人文风情,创造更高层次上的深刻含义,表达一定的意境和情趣,赋予园林建筑以文化内容和精神内涵,使其成为耐人寻味的作品。例如,我国传统园林中常在庭院的白粉墙前置玲珑山石、几竿修竹,粉墙花影恰似一幅花鸟画的再现,很有感染力。

需要注意的是,园林建筑应根据园林环境特色使之具有独特的格调,切忌生搬硬套,切忌雷同。

(二)精于体宜,合理布局

园林建筑应特别注意建筑的体量大小和比例关系,把需要突出表现的景物强化起来,选择合理的地理位置和布局方式,结合空间大小和环境需要,合其体宜,充分利用园林景观的灵活性、多样性、艺术性丰富园林空间,做到巧而得体,精而适宜。

精于体宜是园林空间与景物之间最基本的体量构图原则。园林建筑作为园林的陪衬或是作为主景时,与周边环境要协调,如空间大小体量的协调。在不同大小的园林空间之中,应具有相应的体量要求与尺度要求,确定其相应的体量。

园林建筑同时也具备一定的实用功能,因此在组织交通、平面布局、建筑空间序列组合等方面,都应以方便游人活动为出发点,因地制宜地加以安排,使得游人的游憩活动得以正常、舒适的开展。园林建筑要根据环境的特点"按基形成""格式随宜""方向随宜",不要千篇一律,不要凭自己主观的一时想象,更不要停留在图纸上的推敲,而要从实际情况出发"随方制象,各有所宜","宜亭斯亭,宜榭斯榭",随曲合方,做到"得体合宜"。因此,这个"宜"也就是应变能力的表现。园林建筑设计的中心课题,就是一切为了人,制造出人的空间,人的尺度,人的环境,把人与建筑,人与自然的关系融合到了水乳交融般的空间境域之中。如亭、廊、榭等园林建筑,宜布置在环境优美、有景可观的地点,以供游人休息、赏景之用;儿童游戏场应选择在公园的出入口附近,应有明显的标志,以便于儿童识别;餐厅、小卖部等建筑一般布置在交通方便,易于发现的地方,但不应占据园林中的主要景观位置等等。

一般而言,园林建筑可以是一座孤立的建筑,也可以是一组富于特殊功能的建筑群。对于建筑群来讲,我们通常采用规则对称或自由不对称两种空间布局形式,或是这两种形式的组合也可在整体上采取规则对称的形式,而在局部细节处理时使用自由不对称的形式,或者与之相反。总之,建筑群内的各建筑应在高低、大小上等对比适宜,使空间富于节奏感。

(三)把握自然,独具特色

随着城市工作和生活压力的加大,现代人们便越来越趋向于自然式设计,力求为繁忙的公众带来一丝身心上的放松。自然式气氛的营造离不开天然材料的运用,比如,环保性较强的天然竹木材营造的生态亭无疑创造了一个极为贴近自然的园林空间。与此同时,我们也不得不承认就在这样一个环境中,许多新材料、新工艺、新技术也大量运用,面对这种情况就需要采用恰当的处理方式,通过自然与人工的对比、协调来体现人工与自然的结合,创造一个良好的景观效果。

随着工业化的发展,许多园林建筑普遍采用千篇一律的形制,致使园林建筑脱离了艺术品的行列,丧失了自己的特色,同时也使园林不知不觉地成为一个展示工业化时代商品的场所,偏离了最初创造一个贴近自然的公共场所的思想。园林建筑应当切实结合园林环境和当地风土人情,取其特色,充分体现园林景观的特色,创造个性鲜明、意味深远的园林建筑作品,巧妙地将其融入整个园林环境之中。

(四)发挥实用,符合技术

园林建筑绝大多数均有实用意义,因此除艺术造型美观上的要求外,还符合实用功能及技术要求。如园林栏杆具有各种不同的使用目的,因此对各种园林栏杆的高度,就有不同的要求;园林坐凳,就要符合游人就座休息的尺度要求。

园林建筑设计考虑的问题是多方面的,而且具有更大的灵活性,因此不能局限于几条原则,应举一反三、融会贯通。设计要考虑其艺术特性的同时还应考虑施工、制作的技术要求,确保园林建筑与小品实用而美观。

三、园林建筑设计的手法

(一)园林建筑的景观设计

园林建筑位于园林之中,必然要与周围的造园要素产生相互关系,而形成一种更加富有意趣、激情的景致。

1. 园林建筑与植物搭配的景观设计

人们从生活中可以看到林海中的小白屋,园林中红色的屋顶、红墙旁的垂柳。从而设计者有意利用色彩的对比,如白色的建筑与深绿色的植物;粉墙前种竹子、松柏;栗的建筑与白色的花卉,如木槿、白兰花;绿色的建筑与红色的花卉,如美人蕉、石榴;其他如米黄色的建筑与红桑、变叶木的对比等等。这种花木的天然色彩会与其他矿物质或化学合成颜料不一样,这种对比会有瑰丽、鲜明,而无俗媚、妖艳的效果。

园林建筑的线条能与植物形成对比,例如横线条的建筑与铅笔柏、黑杨产生横竖对比;同样竖线条的建筑与平行枝比较多的合欢、朝鲜槐产生对比。建筑体形与植物的对比,如轻巧的建筑与高大的毛白杨、悬铃木厚重的建筑与纤细、轻盈的鸡爪槭。园林植物还可以加强建筑体形的感觉,如圆头形的馒头柳与圆穹形的建筑;宝塔形的雪松与尖塔形的建筑。

2. 园林建筑与地形结合的景观设计

园林建筑与地形结合可以产生很好的效果。北京的皇家园林中,颐和园的佛香阁、北海的白塔、景山的万寿亭、玉泉山的玉峰塔,都是在山顶上构建园林建筑,成为园内的重心,给人以深刻的印象。在较小的环境中、在山坡地构建迭落廊,可以产生层层叠叠的多层次的建筑感,如北海的酣古堂、丽江木府的迭落廊。利用山地创造各种台地,建筑和游廊穿插于台地上,使游人的视角不断变化,大增游兴,如颐和园的松云巢、画中游,都使建筑大为增色。我国南方很多寺庙、道观,选址极佳,充分发挥了地形的特色,成为风景区中的标志。

在国外像意大利的台地园,是利用山地构建别墅,就是一种典型;俄罗斯的圣彼得堡夏宫花园利用地形建造的雕塑群和水景也很精彩。也有一些建筑建在险峻、高耸的山顶,成为标志性的建筑,游人站在高处还可以俯瞰、远眺。相反,在山谷中建造一些亭、廊、茶座,也会产生十分幽雅的效果。

3. 园林建筑与水体结合的景观设计

园林建筑建于水边、水中,能产生活泼、轻快的效果,特别是所产生的倒影加大了空间感,构成美妙的图画。颐和园的乐寿堂、夕佳楼、北海漪澜堂、香山见心斋,临水而建,倒影飘动,风采倍增。中南海湖中的水云榭是燕京八景之一。康熙《水云榭闻楚声》诗:"水榭围遮集翠台,熏风扶送午云开;忽闻梵诵惊残梦,疑是金绳觉路来。"庐山的庐山湖水中小亭,虽然体积很小,云光映水,碧带环绕,山亭如出水之芙蓉。

我国的西南地区河中建风雨桥,既作为交通设施,也是风景建筑。广州番禺余荫山房湖池中有亭桥造型小巧,朱栏映水,色彩鲜明,为园内增色不少。承德避暑山庄的水心榭,在水面上丽影倒映,都是闻名于世的桥体建筑。

在日本很多的庭园中,水边的建筑都成为园内极佳的景致。

(二)园林建筑的布局设计

园林建筑与周围环境结合好,可以提高景观质量,同时建筑本身也可以通过一定的布局,显现出特有的景观。

1. 运用轴线,重点突出

在国内外很多皇家园林中,由于使用功能所致,宫殿都成了园内的重点,如圆明园入口的正大光明殿以及其后的九洲清晏,成为处理朝政、居住、游赏的中心。承德避暑山庄、颐和园、静宜园也如是。法国的凡尔赛宫入口也是宫殿,其后便是大面积的刺绣花坛。俄罗斯的彼得宫也大体相仿。

在主要入口采取强烈的对称布局,显露主要建筑,形成强烈的轴线形式,也成为日后一些园林的形式,如北京的玉泉公园、广州的云台山公园。德国汉堡城市公园从入口的餐饮、游泳区一直到西北的体育馆、天文馆,全园形成了强烈的轴线,不过相对称的不是建筑,而是场地。甚至一些广场也是如此,如上海人民广场、青岛五四广场等。

2. 灵活布置,自然多趣

在江南的一些园林中具有潇洒自然的文人气质,以形态不同的池水与体量大小不同的建筑相互交叉形成多层次、多单元的景观。苏州拙政园内约有 30 组建筑,430m 长廊,约 6000m² 的水面以及几座面积不大的山体。在灵活的布局中形成了:完全由建筑围合的独立空间,小而幽静;建筑之间形成对景,相互映衬;池水与建筑内外交叉形成多角度的丰富景观。

3. 依附山势,展开序列

轴线居中,山势升高,逐次展开建筑布局,对称的布局更能显出壮丽恢宏的形象。北京景山五个亭子横向依高度不同排列在山上,十分壮美。北海琼华岛前山永安寺等建筑依山的高度竖向前后排列,层层叠叠的建筑将白塔衬托得高耸而秀丽。

4. 占据峰侧,居高临下

占用山峰的一侧,自由灵活地临斜坡、临悬崖布置建筑,既可俯瞰山下,又可眺望远景,高山处或有松涛云雾会使人心旷神怡,也会使人观赏山景时多一处特色。中国的风景区中有一些山寺、庙观就达到了这种绝妙的境界。

5. 互相映衬,扩大景域

在广阔的空间中布置各种建筑互相借景、对映,扩大了景域。例如,圆明园中的福海,周围有平湖秋月、双峰插云、涵虚朗鉴、夹镜鸣琴等十几处建筑沿湖边布置。北京陶然亭公园近年围绕湖区也布置了将近 10 处大小不同的建筑衬托湖面,成为公园的重要景点。

6. 围合空间,园中有园

很多皇家园林以建筑围合自成一个内在空间。如承德避暑山庄的月色江声,北海的静心斋、画舫斋;颐和园的绮望轩、扬仁风、谐趣园;北京紫竹院公园的集贤茶室;宣武公园的静雅园等,都成了园中园。

7. 空间走廊,曲径通幽

中国传统的园林中很多是布置走廊,既是功能上的通道,又在布局上联系各处建筑空间。在没有走廊的情况下,利用各种形式的建筑物也可以形成空间走廊,人行其中忽宽、忽窄,有放、有收,有明、有暗,心情随之变化,还可以欣赏到各处景观,之后可能达到风景绝佳的境地,即平常所说的"连续空间"、"曲径通幽"。例如,无锡的寄畅园,从郁盘—知鱼槛—清响—涵碧亭—嘉树堂;北京北海公园的濠濮涧,从大门—云岫石—崇淑室—濠濮涧—

曲桥,都是以建筑为主形成的空间走廊。在江南园林中,有时要通过一些居住建筑而达到花园,居住建筑的布局左右错落,或开或合,光线或明或暗,形成有节奏的建筑空间走廊。

8. 单独存在,借助其他

无论园林大小都会有单独园林建筑存在。除了建筑本身造型优美以外,还需要借助于台地、台阶、栏杆、山顶、水边、树木、花草来陪衬。

园林建筑类型很多,每种类型中又有很多形式。例如桥,就有平桥、拱桥、曲桥、廊桥、亭桥等。不仅宽窄不同,而且各种用料也很多。园林建筑的平面形态和屋顶也都是多样的。园林建筑与环境和自身布局也都很复杂,所以园林建筑的设计必须是园林师和建筑师很好地合作。

第二节　各类园林建筑的设计

不同的建筑在园林中起到的作用不同,有的是被观赏的对象,有的是观景的视点或场所,有的是休憩及活动的空间,所以应根据不同的功能需求来选择适合的建筑类型、构造材料和设计手法。

一、古典园林建筑的设计

(一)厅、堂

厅、堂是园林中的主体建筑,其体量较大。长方形木料做梁架称厅,圆料做梁架者称堂,是主人会客、议事场所(图 6-14、图 6-15)。

图 6-14　明堂

图 6-15　鸳鸯厅

园林中,厅、堂是主人会客、议事的场所,一般布置于居室和园林的交界部位。厅、堂一般是坐南朝北。从厅、堂往北望,是全园最主要的景观面,通常是水池和池北叠山所组成的山水景观。观赏面朝南,使主景处在阳光之下,光影多变,景色明朗。厅、堂与叠山分居水池之南北,遥遥相对,一边人工,一边天然,既是绝妙的对比,衬出山水之天然情趣,也供园主不下堂筵可享天然林泉之乐。厅、堂的南面也点缀小景,坐堂中可以在不同季节,观赏到南北不同的景色。

(二)楼、阁

楼、阁属高层建筑,体量一般较大,在园林中运用较为广泛。

楼为两层或两层以上建筑,体量一般较大,用做登高望远,多设于园的四周或半山半水之间,如图 6-16 所示。著名的有湖南岳阳楼、武汉黄鹤楼。楼的形式多为长方形、方形,也有方圆结合形。楼在新园林中比较普遍,主要作用是开展文化、娱乐活动、观赏风景、餐饮、展览之用。

阁多为四层,四周开窗,造型比较轻巧,平面为四方形或多边形。著名的有滕王阁(图 6-17)、蓬莱阁等。

楼阁这种凌空高耸、造型俊秀的建筑形式运用到园林中以后,在造景上起到了很大的作用。首先,楼阁常建于建筑群体的中轴线上,起着一种构图中心的作用。其次,楼阁也可独立设置于园林中的显要位置,成为园林中重要的景点。楼阁出现在一些规模较小的园林中,常建于园的一侧或后部,既能丰富轮廓线,又便于因借园外之景和俯览全园的景色。

图 6-16 望湖楼

图 6-17 滕王阁

(三)亭、榭

亭是供游人休憩和赏景的园林建筑,常与山、水、绿化结合起来组景,作为某一景点的主体,如图 6-18 所示。它的特点是四面空灵,并非实体,更多地强调其虚空部分与周围环境之间的联系,并通过其外在形象与环境融为一体,以追求整体空间环境的和谐统一。

亭一般置在山巅、路边、水际、廊间、桥上,而且还挂有对联,表达一种文化意境。亭的体量虽不大,但式样众多,有三角、四角、五角、六角、八角,圆形、梅花、海棠、扇形等形式;亭的立面有单檐、重檐、三重檐等类型之分。

　　榭这种园林建筑形式,在江南园林中特别多。《园冶》云:"榭者,借者,藉景而成者,或水边,或花畔,制亦随态。"可见,榭这种建筑是凭借周围景色而构成,它建置于水边,建筑基部一半在水中,一半在池岸,如图6-19所示。而今天,一般以临水而建的"水廊"居多,其他形式少见。跨水部分常做成石梁柱结构,临水立面开敞,设有栏杆,屋顶多为歇山回顶式,如拙政园的芙蓉榭。

图6-18　八角亭

图6-19　水榭

(四)廊、舫

　　廊是一种线形的建筑,在园林中起分隔、穿插、纽带等多种作用,其列柱和横楣在游览中构成一系列取景框架。廊按形式分为直廊、曲廊、波形廊和复廊;按位置分为沿墙走廊、爬山走廊、水廊(图6-20)、回廊、桥廊等。它不仅有亭的作用,而且能用来分隔空间,形成空间的变化,增加景深和引导游人。它的设置一般随地就势,随形而变,或蟠于山腰,或蜿蜒于水际,逶迤相续,始终不断,使园景堂奥深远,无穷变化,有步移景异之妙。

　　舫是建于水边的一种建筑形式,外形类似船,又名旱船或不系舟,造型上强调与真船的神似,供人们在内游玩宴饮、观赏点景、身临其中,颇有乘船荡漾于水中之感。如图6-21所示,它立于水中,又与岸边环境相联系,使空间得到了延伸,具有富于变化的联系方式,可以突出主题。舫下部船体通常用石砌成,上部船舱则多用木构建筑。如狮子林的画舫、颐和园的清宴舫、承德避暑山庄的云帆月舫等。

图 6-20　水廊　　　　　　　　　图 6-21　清宴舫

（五）桥、塔

桥有石板桥、木桥、石拱桥（图 6-22）、多孔桥、廊桥、亭桥等。置于园林中的桥除了实用之外，还有观赏、游览以及点景、分割园林空间等作用。在江南众多的私家园林中，在小小的园林空间中不同类型的桥不仅使水面空间层次多变，构成丰富的园林空间艺术布局，它还起到园林景点联系的明显作用。

塔是重要的佛教建筑，在层高型建筑中是序列的顶点，其平面以方形、八角形为多，层数一般为单数，具有明显的宗教建筑色彩。在园林设计中塔往往是构图中心和借景对象。如图 6-23 所示为北京香山公园的琉璃塔。

图 6-22　拱桥　　　　　　　图 6-23　香山公园琉璃塔

（六）门、墙

园门是进入园林或景区之间设置出入口的标志。在皇家园林入口处门的建筑比较壮观、富丽，还配有影壁、石狮、下马碑等。北方较具有规模的宅园有正门和二道门，二道门常作为垂花门。晚清受西方巴洛克建筑形式的影响，中南海内和恭王府内的门都有西方风格。南方园林入口规模不大，园内景区之间的门，形式极为丰富，有圆形、六角形、海棠形、花瓶形等等。现代各公园的门更是花样翻新,创作出的形式也与地域风情有关(图 6-24)。

园林的围墙,用于围合及分隔空间,有外墙、内墙之分。墙的造型丰富多彩,常见的有粉墙和云墙(图 6-25)。粉墙外饰白灰,以砖瓦压顶;云墙呈波浪形,以瓦压饰。墙上常设漏窗,窗景多姿,墙头、墙壁也常有装饰。

图 6-24 北京动物园园门

图 6-25 云墙

(七)轩、馆、斋、室

轩、馆、斋、室是园林中使用较多的建筑物,它们对组织园林空间,丰富园林景观起着重要的作用。

轩的空间形式多种多样,既可以指次要的厅堂,又可以指有槛的或较宽阔的廊。因为轩与廊比较相近,所以有"轩廊"的叫法。庭园空间一般小巧精致,以近视为主,常以庭院内山石和花木之景,形成该庭院的主要特色,如苏州拙政园的与谁同坐轩(图 6-26)、网师园的看松读画轩等。有时,也将轩式建筑成组布置,形成一个独立的小庭院,以及清幽、恬静的环境氛围。

馆,原为官人游览或客舍之用。《说文》云:"馆,客舍也",道出了馆具有暂时寄居的功能特征。江南园林中的"馆",一般是休息会客的场所,常与居住部分或厅堂联系,正如《园冶》所述:"散奇之居曰馆,可以通别处也"。北方皇家园林中,"馆"常作为一建筑组群而存在,常为帝王看戏听曲、宴饮休息之所(图 6-27)。

图 6-26 苏州拙政园与谁同坐轩

图 6-27 北京紫竹院公园友贤山馆

斋，有斋戒的意思，在宗教上指和尚、道士、居士的斋室。园林中的斋一般是指书屋性质的建筑物，是修身养性的地方，常处于静谧、封闭的小庭院内，与外界隔离，相对独立；小院空间也是书斋的一部分，形成完整统一的气氛。斋常选址于某种幽雅、宁静的环境里，正如《园冶》所述："斋较堂，惟气藏而致敛，有使人肃然斋敬之义。盖修密处之地，故式不宜敞显"，道出了斋及所在环境的特征（图6-28）。

室，在园林中多为辅助性用房，配置于厅堂的两边或后部，在结构上较厅堂封闭。在园林中，室的体量较小，有时也做些趣味性处理，常和庭院相连，形成一个幽静舒适、富有诗意的小院落，是主人读书、习琴、吟诗之地。

图6-28　北京香山见心斋

二、现代园林建筑的设计

（一）园桌、园椅、园凳

园桌、园椅、园凳是各种园林绿地及城市广场中必备的设施，主要功能是供游人就座休息，欣赏周围的景物，位置多选择在人们需要就座休息、环境优美、有景可赏之处，如游憩建筑、水体沿岸、服务建筑近旁、山巅空地、林荫之下、山腰台地、广场周边、道路两侧。园桌、园椅、园凳的造型要轻巧美观，形式要活泼多样，构造要简单，制作要方便，要结合园林环境，做出具有特色的设计（图6-29、图6-30）。

图 6-29　八戒桌凳

图 6-30　西式园椅

　　园桌、园椅、园凳布局时也应考虑根据环境的不同及游人的不同需求进行，如有的人喜欢单独就座，安静休息，有的则希望尽量接近人群，以取热闹、欢快的气氛，有的需要回避人群，要求有较私密的环境等，同时也要充分考虑周边的环境条件，如采光情况、空间开敞或密闭等。

　　园椅、园凳在设计时还应充分考虑其位置、大小、色彩、质地，应与整个环境协调统一，形成独具特色的园林小品。材质选用木材，质感好，冬暖夏凉；石材耐久性很好；混凝土材料价格低廉，可以做成仿石、仿树墩凳桌；金属材料、陶瓷也常用。

（二）园林展示小品

　　园林展示小品是园林中极为活跃、引人注目的文化宣教设施，内容广泛，形式活泼，包括展览栏、阅报栏、展示台、园林导游图、园林布局图、说明牌、布告板以及指路牌等各种形式，涉及基本法规的宣传教育、时事形势、科技普及、文艺体育、生活知识、娱乐活动等领域，是园林中开放的宣传教育场地。

　　展示小品位置常选择在园路、游人集散空间、护墙界墙、公共建筑近旁、园林出入口、需遮障地带、休息广场处，结合各种园林要素（山石、树木花坛）、结合游憩建筑布置（图 6-31、图 6-32）。

图 6-31　野生动物园内展牌

图 6-32　儿童公园内路牌

展示小品的尺寸要合理,体量适宜,大小高低应与环境协调,一般小型展面的画面中心离地面高度为1.4~1.5m,还要考虑夜间的照明要求,对展栏内的通风、降温等问题应充分考虑,要防渗漏以免损坏展品。良好的视觉条件是观展和阅览活动的重要保证,室外光线充足适于观展,但应避免阳光直射展面。环境亮度与展览栏相差不可过大,以免造成玻璃面的反光,影响观展效果,巧妙利用绿化可改善不利的光照条件。

(三)园林雕塑小品

雕塑在古今中外的造园中都被大量应用。雕塑主要是点景的作用,丰富景观,同时也有引导、分隔空间和突出主题的作用。体量小巧的雕塑,不能形成主景,但可形成某景点的趣味中心;体量大的雕塑往往成为景区的主景,起到点题作用,如城市广场的雕塑。

雕塑按内容大致可分为纪念性雕塑、主题性雕塑、装饰性雕塑和陈列性雕塑;按形式分为圆雕、凸雕、浮雕、透雕等。冰雕、雪塑是东北园林冬季特有的一种雕塑艺术。雕塑多以人物或动物为主题,也有植物、山石形体的。另外,在现代城市景观中,利用先进高科技材质设计的抽象雕塑也成为一个亮点,成为提升整个景观文化品质和审美层次的重要设计内容(图6-33)。

图6-33 园林雕塑小品

园林中设置雕塑首先应考虑环境因素,应选择环境优美,地形地貌丰富的地方,并与花草树木等构成各种不同的园林景观。雕塑的题材应与环境相协调,互相衬托,相辅相成,才能加强雕塑的感染力,切不可将雕塑变成与环境不相关的摆设。因此,恰当的环境选择或环境设计,是设置园林雕塑的首要工作,一般位置选择在桥头、山顶、草坪、道路、水体、山坡、台地、广场、建筑物等处。

(四)园林栏杆

栏杆一般依附于建筑物,而园林栏杆更多为独立设置。园林栏杆除具有维护功能外,还根据园林景观的需要,用来点缀装饰园林环境,以其简洁明快的造型,丰富园林景致,应用于建筑物、桥梁、草坪、花坛、大树、园路边、水边湖岸、广场周围、悬崖、台地、台阶等处。

园林栏杆具有分隔园林空间、组织疏导人流及划分活动范围的作用,同时也可为游人提供就座休憩之所,尤其在风景优美、有景可赏之处,设以栏杆代替坐凳,既有维护作用,又可就座欣赏,如园林中的坐凳栏杆、美人靠等。

园林栏杆具有强烈的装饰性和确切的功能性,因此要有优美的造型,其形象风格应与园林环境协调一致,以其造型来衬托环境气氛,加强景致的表现力。园林栏杆造型的简繁、轻重、曲直、实透等均需与园林环境协调,一般以简洁为雅,切忌烦琐。

园林栏杆要有合理的高度,以符合不同的使用功能要求,使游人倍感亲切。栏杆合适的尺度可使景致协调,更便于功能的发挥。各类园林栏杆的高度根据不同用途而定:围护栏杆600~900mm;靠背栏杆约900mm(其中座椅面高度420~450mm);坐凳栏杆400~450mm;用于草坪、花坛、树池等周边的镶边栏杆200~400mm。

园林栏杆的材料宜就地取材,体现不同风格特色,石材、竹材、钢筋混凝土、木材、金属材料等皆可选用,以美观、经济坚固为主要原则(图6-34至图6-37)。

图6-34 石雕栏杆

图6-35 花厅木栏杆

图6-36 琉璃砖制栏杆

图6-37 金属栏杆

第七章　园林中的其他设计

园林中,除了种植设计、建筑设计,还包括地形与地面铺装、山石、水体、景观照明等其他设计,本章便是对这些其他设计的论述与研究。

第一节　地形与地面铺装设计

一、地形设计

(一)地形的形态

地形泛指陆地表面各种各样的形态,从大的范围可分为山地、高原、平原、丘陵和盆地五种类型,根据景观的大小可延伸为山地、江河、森林、高山、盆地、丘陵、峡谷、高原、平原、土丘、台地、斜坡、平地等复杂多样的类型。总结起来,可将地形划分为平坦地形、凸地形(凸起的地形)和凹地形(凹陷的地形)。

地形的形态直接影响景观效果,所以要根据排水、灌溉、防火、防灾、活动项目和建筑等各种景观所需来选择和设计地形形态。如需视野开阔,就要相应选择平坦地形;而要采光好,就要选择阳坡等,如云南的石林。

(二)园林地形的作用分析

地形在园林中的作用具体有以下几个方面。

1. 园林地形的骨架作用

园林设计中的其他要素都在其地形上来完成,所以地形在园林设计中是不可或缺的要素,是其他要素的依托基础和底界面,是构成整个景观的骨架。

2. 园林地形的空间作用

利用地形不同的组合方式来创造外部空间,使空间被分隔成不同性质和不同功用的空间形态。实现空间的分隔可通过对原基础平面进行土方挖掘,以降低原有地平面高度,可做池沼等;或在原基础平面上增添土石等进行地面造型处理,可做石山、土丘等;或改变海拔高度构筑成平台或改变水平面,这些方法中的多数形式对构成凹凸地形都非常有效。另外,不同的地形组合,也能起到很好的空间作用,如台地与陡坡组合可增加空间纵深感。

3. 园林地形的造景作用

不同的地形能创造不同园林的景观形式,如地形起伏多变创造自然式园林,开阔平坦的地形创造规则式园林。要构成开敞的园林空间,需要有大片的平地或水面;幽深景观需要有峰回路转层次多的山林;大型广场需要平地,自然式草坪需要微起伏的地形。

4. 改善小气候的作用

地形的凹凸变化对于气候有以下几个方面的影响。

(1)对环境的影响

从大环境来讲,山体或丘陵对于遮挡季风有很大的作用;小环境来讲,人工设计的地形变化同样可以在一定程度上改善小气候。

(2)对采光的影响

从采光方面来说,如果为了使某一区域能够受到阳光的直接照射,该区域就应设置在南坡,反之选择北坡。

(3)对风向的影响

从风向的角度来讲,在做园林设计时要根据当地的季风来进行引导和阻挡,如土丘等可以用来阻挡季风,使小环境所受的影响降低。在做园林设计时,要根据当地的季风特征做到冬季阻挡和夏季引导。

5. 审美和情感作用

可利用地形的形态变化来满足人的审美和情感需求。地形在设计中可作为布局和视觉要素来使用,利用地形变化来表现其美学思想和审美情趣的案例很多,私家园林中常以"一峰则太华千寻,一勺则江湖万里"来表达主人的情感。

(三)园林地形设计需考虑的因素

园林地形设计需要考虑地形的现状、园林绿地与城市的关系及要求、园林植物种植的要求以及园林工程技术。具体可见表7-1。

表7-1 园林地形设计需考虑的因素

地形的现状	地形设计以充分利用为主,改造为辅。要因地制宜,尽量减少土方量,建园时最好达到园内填挖的土方平衡,节省劳动力和建设投资。但对有碍园林功能发挥的不合理的地形则应大胆地加以改造。

续表

园林绿地与城市 的关系及要求	园林的面貌、立体造型是城市面貌的组成部分。当园林的出入口 按城市居民来园的主要方向设置时,出入口处需要有广场和停车 场,一般应有较平坦的用地,以与城市道路合理地衔接。
园林植物 种植的要求	植物有阳性、阴性,水生、沼生,耐湿、耐旱以及生长在平原、山间、 水边等等之不同,处理地形应与植物的生态习性互相配合,使植物 的种植环境符合生态习性的要求。同时,对保存的古树、大树,要 保持它们原有地形的标高,以免造成露根或被淹埋而影响植物的 生长和寿命。
园林工程技术	地形设计应全面考虑园林工程技术上的要求,如不使陆地有内涝, 避免水面有泛滥或枯竭的现象;岸坡不应有塌方滑坡的情况;对需 要保存的原有建筑,不得影响其基础工程等。

(四)不同的地形形态在园林设计中的处理

1. 平坦地形在园林设计中的处理

平坦地形没有明显的高度变化,总处于静态、非移动性,并与地球引力相平衡,给人一种舒适和踏实的感觉,成为人们站立、聚会或坐卧休息的理想场所(图 7-1)。

图 7-1 平坦地形的稳定性

但是,由于平坦地形缺乏三维空间,会造成一种开阔、空旷、暴露的感觉,没有私密性,更没有任何可遮风蔽日、遮挡不悦景色和噪音的屏障(图7-2)。由此,为了解决其缺少空间制约物的问题,我们必须将其加以改造,或给加上其他要素,如植被和墙体(图7-3)。

图 7-2 水平地形自身不能形成私密的空间限制

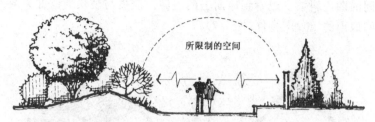

图 7-3　空间和私密性的建立必须依靠地形的变化和其他因素的帮助

　　平地在视觉上空旷、宽阔,视线遥远,景物不被遮挡,具有强烈的视觉连续性。平坦地形本身存在着一种对水平面的协调,它能使水平线和水平造型成为协调要素,使它们很自然地符合外部环境(图 7-4)。相反,任何一种垂直线型的元素,在平坦地形上都会成为一突出的元素,并成为视线的焦点(图 7-5)。

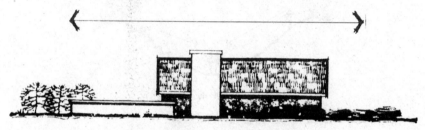

图 7-4　平坦地形对水平面的协调性

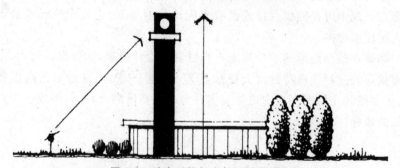

图 7-5　垂直形状与水平地形的对比

　　由于平坦地形的这些特性,使得其在处理上也有其特殊之处。总的来说,平地可作为广场、交通、草地、建筑等方面的用地,以接纳和疏散人群,组织各种活动或供游人游览和休息。

　　2. 凹地形在园林设计中的处理

　　凹面地形是一个具有内向性和不受外界干扰的空间。它可将处于该空间中任何人的注意力集中在其中心或底层,凹地形通常给人一种分割感、封闭感和私密感(图 7-6)。

　　由于凹地形具有封闭性和内倾性,从而成为理想的表演舞台,人们可从该空间的四周斜坡上观看到地面上的表演。演员与观众的位置关系正好说明了凹地形的"鱼缸"特性(图7-7)。

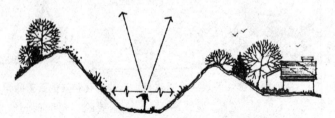

图7-6　凹地形的分割感、封闭感和私密感

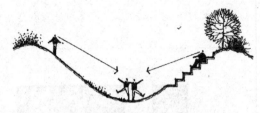

图7-7　凹地形的"鱼缸"特性

3. 凸地形在园林设计中的处理

作为景观中的一个正向点,凸地形具有多种美学特征和功能作用。凸地形在景观中可作为焦点物或具有支配地位的要素,也可作地标在景观中为人定位或导向。

如果在凸面地形的顶端焦点上布置其他设计要素,如楼房或树木,那么凸面地形的这种焦点特性就会更加显著。这样一来,凸面地形的高度将增大,从而使其在周围环境中更加突出并与地面高度结合,共同构成一个众所周知的地标(图7-8)。

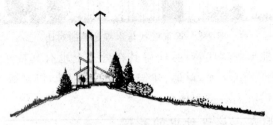

图7-8　凸地形的焦点特性

除了焦点性外,凸地形还具有外向性的特点,即根据其高度和坡度陡峭,可以在低处找到一被观赏点,吸引视线向外和鸟瞰。然而实际上,更多的注意力从高地形上被引向景观中的另一些点,而不是人们所规定的那一

场所(图 7-9)。

由此可见,凸面地形通常可提供观察周围环境的更广泛的视野。

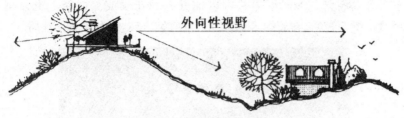

图 7-9　凸地形的外向性

二、地面铺装设计

园林中联系在植物、山地、水面和建筑之间的就是地面,地面的起伏是地形。

园林中由于人行或开展活动的需要,平地要进行铺装,铺装的目的是保护地面。防止雨水冲刷、人为践踏磨损;人行舒适,不滑、不崴脚、不积水;引导步行者能达到目的地;对环境空间能起到统一或分割的作用;质地如何、砌块大小、拼装的花纹能起到装饰作用。在地形有起伏变化的情况下,如不能以缓坡处理,就要以各式台阶解决,以利人行。

(一)地面铺装的材料选择与设计

铺装用材可分天然和人工合成两种。天然材料可以用自然界的石料、卵石、碎石、粗沙或木块。人工合成的材料很多,如混凝土类制品、陶瓷类制品、废钢渣粉类制品、塑胶类制品、沥青类、废橡胶再生类制品等。园林铺装的材料选择至关重要。

1. 自然石料及其铺装设计

自然石料(图 7-10)表现自然、优雅、永久。自然石料表面有粗有细,石块有大有小,还有方整和自然形状之分。小空间宜用小料;人多的地方不宜用自然纹理粗糙的石料;方整均齐的石块铺装会有高雅、永久性的感觉。

图 7-10　园林中的自然石铺装

2. 混凝土砖和透水砖的铺装设计

混凝土砖大规格者宜于铺装广场,能与园外呼应。小块砖可以用于一般小广场或园路。不同形体砖可以铺成各种花纹或加以颜色更显别致(图 7-11,图 7-12)。在管线未全入地之前宜铺方砖,以利于将来铺路。

图 7-11　混凝土地面铺装

铺透水砖有利于降水下渗,保护生态环境。

图 7-12　透水砖铺装

3. 木料及其铺装设计

用木料铺装路面(图 7-13),一般用短木料立铺,有原木的色泽和纹理,显得自然、古朴。也有以木板条铺路者,其条纹有特别的美感,也可保护原地面植被。

图 7-13　木料铺装

4. 塑胶、沥青及其铺装设计

各种塑胶（图 7-14）、彩色沥青路面会显得鲜明、欢快。由于是现场摊铺、浇筑，适宜于弯路和异形广场。

图 7-14　塑胶铺装

5. 嵌草及其铺装设计

嵌草铺装，由于游客较多或是停车需要，在硬质材料中间种草，既可耐踏、耐磨，又有（图 7-15）绿意。

图 7-15　嵌草铺装

6. 天然卵石及其铺装设计

天然卵石铺装（图 7-16），在我国传统做法中花纹比较细腻、复杂，在现代园林中可以用较简易的方法施工。

图 7-16　天然卵石铺装

（二）地面铺装设计中需注意的事项

地面铺装设计中需注意以下几个事项。

第一，铺装的基础和面层是使用的关键，做法上应依当地的气候、土质、地下水位高低、坡度大小、路面承重要求而定。使用上要求严格，或条件较差的地区铺装的基础要较厚，其面层也要能经受高温或严寒的侵害。

第二，用不同彩色砖或不同颜色卵石在路面上或广场上铺成花纹，是显得细腻、讲究的做法。花纹的平面造型要与周围的环境相衬，地形、场合、室内外都应有区分。

第三,块状铺装的接缝影响工程质量和美观。以方块整形砖铺装曲线的路面或不规则的广场时,在边缘处要铺一些异形砖,填满填齐,铺装时要注意平整均匀和整体效果。道路拐弯处、宽窄路面相接处或两种砖块大小不一的接缝处要有一定的设计,事先定点放线安排好图形。在我国传统园林中,这些细微之处都有细致的要求。

第四,在我国传统园林中铺装用砖、瓦和卵石拼成各种纹样,十分精细,有的花纹严正,有的生动活泼。

第二节　山石设计

一、假山设计

(一)园林中的假山及设计

园林中造景常以堆叠假山为手段,以土、石为材料构成山景,创造地形,陪衬建筑,建造驳岸、护坡。以土为主堆山要注意山的坡度、土壤性质和降水情况。沙性土、黏性很差的土质,坡度不能很大。干黏土坡角限制在45°,有暴雨的地区,或是风浪容易冲刷驳岸的情况下,45°的坡度在坡顶至坡角距离很大的情况下也不容易稳定。5%~15%的坡度在一定的区域内起伏延伸可以形成丘陵的地貌。山坡度在15%~35%的情况下可以形成山势,能创造出独特、动人的景观。一般土山顺应自然规律,山坡在各处各角度应该有变化,例如山脚下或接近水域坡度应该较缓,能与地平接顺。山峰或山谷的顶部可以稍陡。

土山上植树应与山势结合。形成一定的形象,表现出主题。植物配植应有疏有密,应有适量的常绿植物。切忌在山顶处以植物遮挡俯瞰或远望的视线。

山坡与山路相结合,能防止雨水冲刷山体;山路的走向和坡度的选择要缓陡并存,以缓为主,以陡显示峻峭,满足登山者心理的需求。

(二)假山设计的注意事项

以石为主堆叠的山体是中国传统的假山。堆山的技艺讲究颇多,所谓"有真为假,做假成真"。很难有统一的标准。所以说"园中掇山,非士大夫好事者不为也"(《园冶》)。国外也有人认为中国的假山如同抽象雕塑。根据当前情况,堆叠假山工程上应注意几点。

（1）山石组成的山体布局合理，位置、高度、体量要与环境协调，主次分明，宜露则露，宜隐则隐。

（2）山体完整，脉络清晰，山石纹理相通。

（3）山石聚密、疏散有序，能表现出一定的形象。

（4）石质、纹理、形状、色彩要与环境相协调，色泽有暖有冷，或火红或青灰；形状或透而圆润（图7-17），或方整、坚实（图7-18）；纹理横竖顺平、斜向弯转；质地细腻、粗糙都要因地制宜。

图7-17　承德避暑山庄文津阁前假山运用的方圆形石料

图7-18　承德避暑山庄万壑松风的方正石

（5）以山石堆叠成梯道、建筑的外楼梯、驳岸、土山的包镶、花台外缘，除去在功能的实用、安全外，在形象上要成天然之趣，应不在多，而在于巧。

（6）山石的相接要合乎自然，在山洞、门洞、石桥、磴道处，山石间应有连接、加牢措施。要保证安全，不致散落、倒塌，在接触游人较多的地段或地震活跃的地区尤要注意，如图 7-19 和图 7-20。

图 7-19　北京双秀公园入口假山

图 7-20　苏州耦园黄石假山

（7）假山的基础深度要根据当地的气候条件而定。特别是用山石堆砌水边的驳岸。在北方要注意冬季有冻胀情况的发生。

二、置石设计

在园林中的路口、广场、庭院里或厅堂内单独摆放山石，起到点缀、装饰作用，也是一种标识。虽然不如山体量大，但是由于仿天然材料，既传达了自然的气息，又是一种抽象的形体，可以引起人的各种意念、遐想。置石有单独摆设的，也有几块石头相伴的，也有用在建筑抱角的，也有在台阶两侧的，也有作为花台边缘、水池驳岸的。这些由几块石头相拼成的也称作山石小品。我国置石的历史久远,有很多文人名士玩石赏石。① 在江南有单独的名石,苏州有原清代织造府(现为第十中学)存有的瑞云峰,留园存有冠云峰(图 7-21),上海豫园有玉玲珑,杭州花园有皱云峰。在北京也有"青云片""青莲朵"和"青芝岫"等名石。

图 7-21　苏州留园冠云峰

还有花木、草坪相衬,阳光下树影摇动,有着立体的画面感。

近年有人造假山石问世,以天然块石为模具,外敷丝网、钢筋和水泥,养护成型,外壳成山石状,即可堆叠假山,其优点是可以任意选择山石形状,"石体"重量很轻,做屋顶花园及其他构筑物均可(图 7-22)。

图 7-22　人造假山石

---

① 白居易在《太湖石》诗中有:远望老嵯峨,近观怪嵌崟;才高八九尺,势若千万寻。

第三节　水体设计

一、水体的形态与特征

（一）水体的形态分析

水体的形态，按照不同的依据，具有不同的分类方法，具体可见表 7-2。

表 7-2　水体的形态划分

不同的依据	划分的类别	各类别的特征
水体的形式	自然式水体水景	自然式水体如河、湖、溪、涧、潭、泉、瀑布等，在园林中随地形而变化，有聚有散，有直有曲，有高有低。有动有静。
	规则式水体水景	规则式水体如水渠、运河、几何形水池、水井、方潭以及几何体的喷泉、叠水、水阶梯、瀑布、壁泉等，常与山石、雕塑、花坛、花架、铺地、路灯等园林小品组合成景。
	混合式水体水景	混合式水体水景是规则式水体与自然式水体的综合运用，两者互相穿插或协调使用。
水流的形态	静水	不流动的、平静的水，如园林中的海、湖、池、沼、潭、井等。粼粼的微波、激滟的水光，给人以明洁、恬静、开朗、幽深或扑朔迷离的感受。
	动水	动水如溪、瀑布、喷泉、涌泉、水阶梯、曲水流觞等，给人以清新明快、变幻莫测、激动、兴奋的感觉。动水波光晶莹，光色缤纷，伴随着水声淙淙，不仅给人以视觉，还能给人以听觉上的美感享受。动水在园林设计中有许多用途，最适合用于引人注目的视线焦点上。

续表

不同的依据	划分的类别	各类别的特征
水体的使用功能	供观赏的水体	主要为构景之用,可以较小,水面有波光倒影,又能成为风景透视线,水体可设岛、堤、桥、点石、雕塑、喷泉、水生植物等,岸边可作不同处理,构成不同景色。
	开展水上活动的水体	一般水面较大,有适当的水深,水质好,可以将活动与观赏相结合。

(二)水体的特征表达

水体有着大量的、自身所独具的特性,影响着园林设计的目的和方法。水体的特征,可论述为以下几个方面。

1. 透明性特征

水体首先具有透明性的特征。水本身无色(图 7-23),但水流经水坡、水台阶或水墙的表面时,这些构筑物饰面材料的颜色会随着水层的厚度而变化,所以,水池的池底若用色彩鲜明的铺面材料做成图案,将会产生很好的视觉效果。

图 7-23　水体的透明性

2. 可塑性特征

水本身无固定的形状,其形状由容器所造就。如图 7-24 所示,水体边际物体的形态,塑造了水体的形态和大小,水体的丰富多彩,取决于容器的大小、形状、色彩和质地等。因此,园林理水设计实际上是设计一个"容器"。

图 7-24　水体的可塑性

水是一种高塑性的液体，其外貌和形状也受重力影响，由于重力作用，高处的水向低处流，形成流动的水；而静止的水也是由于重力，使其保持平衡稳定，一平如镜。

3．音响性特征

运动着的水，无论是流动、跌落，还是撞击，都会发出各自的音响。依照水的流量和形式，可以创造出多种多样的音响效果，来完善和增加室外空间的观赏特性；而且水声也能直接影响人们的情绪，或使人平静温和，或使人激动、兴奋。因此，水的设计包含了音响的设计，无锡寄畅园的八音洞就是基于水的这个特性而创作的。

4．泡沫性特征

喷涌的水因混入空气而呈现白沫，如混气式喷泉喷出的水柱就富含泡沫（图 7-25）。[①]

5．倒影性特征

平静的水面像一面镜子，在镜面上能不夸张地、形象地再现周围的景物（如土地、植物、建筑、天空和人物等），所反映的景物清晰鲜明，如真似幻，令人难以分辨真伪（图 7-26）。

①　另外，驳岸坡面表面粗糙则水面会激起一层薄薄的细碎白沫层（与坡面的倾角有关）。若坡面上设计几何图案浮雕，则水层与坡面凸出的图案相激，会产生独特的视觉效果。

图 7-25　水体的泡沫性

图 7-26　水体的倒影性

6. 人的亲水性

人在本能上是喜爱接触水的,尤其是小孩子,对水的喜爱更为强烈,无论是否有人鼓励,小孩总是喜欢玩水,可以把大量时间消耗在戏水上。炎炎夏日若是泡在水中,更觉得十分舒畅、愉快。

二、水体的造景手法

（一）基底手法

大面积的水面视域开阔、坦荡，有托浮岸畔和水中景观的基底作用。例如图 7-27 所示的北京琼华岛，有被水面托浮的感觉。

图 7-27 北京琼华岛

（二）焦点手法

喷涌的喷泉、跌落的瀑布等动态水体的形态和声响能引起人们的注意，吸引住人们的视线。可以作为焦点水景布置的水景设计形式有喷泉、瀑布、水帘、水墙等（图 7-28）。

图 7-28 喷泉作为园林的焦点

（三）系带手法

水面具有将不同的园林空间、景点连接起来产生整体感的作用。当众多零散的景物均以水面为构图要素时，水面就会起到统一的作用，如扬州瘦西湖（图7-29）。

图7-29　扬州瘦西湖

（四）整体水环境设计手法

这是一种以水景贯穿整个设计环境，将各种水景形式融于一体的水景设计手法。它与以往所采用的水景设计手法不同。这种以整体水环境出发的设计手法，将形与色、动与静、秩序与自由、限定和引导等水的特征和作用发挥得淋漓尽致，并且开创了一种能改善城市气候、丰富城市景观和提供多种目的于一体的水景类型。

三、园林水景设计

园林水景丰富多彩，总体来说常见的理水形式有水池、喷泉、瀑布等。

（一）水池的设计

1. 点式水池的设计

点式水池指较小规模的水池或水面（图7-30）。它在整个环境中起点景的作用，往往会成为空间中的视觉焦点，并丰富、活跃环境气氛。由于点式水池较小，布局较灵活，因此它既可单独设置，也可与花坛、平台等设施组合设置。

图 7-30 点式水池

2. 线式水池的设计

线式水池指细长的水面,有一定的方向感,并有划分空间的作用(图 7-31)。线式水面中,一般都采用流水,可将许多喷泉和水体连接起来,形成富有情趣的景观整体。线式水池一般都较浅,人们可涉足水中尽情玩乐,直接感受到水的凉爽、清澈和纯净。另外,也可与石块、桥、绿化、雕塑以及各种休闲设施结合起来,创造丰富、生动的环境空间。

图 7-31 线式水池

3. 面式水池的设计

面式水池是指规模较大,在整个环境中能起控制作用的水池或水面,其常成为环境空间中的视觉主体(图 7-32)。根据所处环境的性质、空间形态、规模,面式水池的形式也可灵活多变,既可单独设置,随意采用规则几何形式或不规则形,也可多个组合成复杂的平面形式,或叠成立体水池。

面式水池在园林中应用较为广泛,面式水池的水面可与其他环境小品如汀步、桥、廊、舫、榭等结合,让人置身于水景中,同时水面也可植莲、养鱼,成为观赏景观。

图 7-32 面式水池

(二)喷泉的设计

喷泉是人工构筑的整形或天然泉池,以喷射优美的水形取胜(图 7-33)。在现代城市环境中,出现的主要是人工喷泉,多分置在建筑物前、广场中央、主干道交叉口等处,为使喷泉线条清晰,常以深色景物为背景。喷泉的设计要注意其动态形象的独特,使其成为环境空间中的视觉中心,烘托、调节环境气氛,满足人们视觉上的审美感受。

图 7-33 喷泉

（三）瀑布的设计

　　人工瀑布是人造的立体落水景观，是优美的动态水景（图 7-34）。天然的大瀑布气势磅礴，予人以"飞流直下三千尺，疑是银河落九天"之艺术感染，园林中只能仿其意境。由瀑布所创造的水景景观极为丰富，由于水的流速、落差、落水组合方式、落坡的材质及设计形式的不同，瀑布可形成多种景观效果，如向落、片落、棱落、丝落、左右落等多种形式。不同的形式，传达不同的感受，给人以视觉、听觉、心理上的愉悦。

图 7-34　瀑布

第四节　景观照明设计

一、景观照明设计的若干原则

　　景观项目往往要求具备高质量的夜景观效果。在景观设计阶段，应统筹考虑灯具的选择和照明的效果。景观照明设计应遵循以下若干原则。

　　第一，必须满足场所安全所需要的最低照度要求，照度应符合国家相关标准规范。

　　第二，应根据场地性质、人流量、设计目标确定灯具的选择和照度的分配。广场、道路、入口、停车场等人流量大的地方照度要高于绿地、河边、散步道等人流量小的场所。

　　第三，要区分重点照明与非重点照明，突出重点场所、主要道路、人流节点照明。

第四,综合考虑功能性照明和装饰性照明,避免单一照明,形成轮廓照明、内透光照明、泛光照明多种方式结合的照明效果。

第五,要节能照明,避免光污染。

二、景观照明设计中灯具的选择与应用

常用的景观照明灯具主要有草坪灯、埋地灯、庭院灯、广场灯和路灯。

(一)草坪灯

草坪灯一般高度在 $0.3\sim0.4m$,安放在草地边或者路边,用于地面亮化(图 7-35)。

图 7-35　草坪灯

(二)埋地灯

埋地灯埋在地面下,光源从下往上照射,一般用于植物点缀照明(图 7-36)。

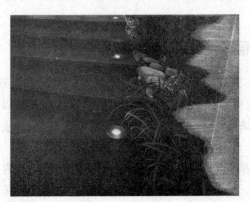

图 7-36　埋地灯

（三）庭院灯

庭院灯高度在 2～3m，用于园路、广场、绿地照明（图 7-37）。

图 7-37　庭院灯

（四）广场灯

广场灯用于广场、人流汇集处的照明，功率大、光效高、照射面大，高度不低于 1m（图 7-38）。

图 7-38　广场灯

（五）路灯

路灯高度在 25m 以上，用于道路照明（图 7-39）。

图 7-39　路灯

三、景观照明灯具的光源

（一）光源的特征及释义

光源的特征，可通过以下几个词汇来解释。

光通量——电光源的发光能力，单位为 1m。

光效——电光源每消耗 1m 电功率与光通量之比（1m/w）。

额定功率——电光源在额定工作条件下所消耗的有功功率。

色表——人眼观看到的光源所发的光的颜色，以色温表示（单位为 K）。

显色性——光源照明下，颜色在视觉上的失真程度。以显色指数 Ra 表示，Ra 越大则显色性越好。

（二）光源的类别划分

景观灯具的光源一般采用白炽灯、卤钨灯、荧光灯、荧光高压汞灯、钠灯、金属卤化物灯、氙灯、LED 灯。

白炽灯是之前应用最为广泛的光源，价格低廉、使用方便，但是光效较低，发光色调偏黄色光。

卤钨灯又称为卤钨白炽灯，亮度高，光效高，应用于大面积照明，发光色调偏红色光。

荧光灯又称为日光灯,光效高、寿命长、灯管表面温度低,发光色调偏白色光,与太阳光相近,应用广泛。

荧光高压汞灯耐震、耐热,发光色调偏淡蓝、绿色光,广泛应用于广场、车站、码头。

钠灯是利用钠蒸汽放电形成的光源,光效高、寿命长,发光色调偏金黄色光,广泛应用于广场、道路、停车场、园路照明。

金属卤化物灯是荧光高压汞灯的改进型产品,光色接近于太阳光,尺寸小、功率大,但是寿命短,常用于公园、广场等室外照明。

氙灯是惰性气体放电光源,光效高,启动快,应用于面积大的公共场所照明,如广场、体育场、游乐场、公园出入口、停车场、车站等。

LED 光源是以发光二极管(LED)为发光体的光源,是 20 世纪 60 年代发展起来的新一代光源,具有高效、节能、寿命长、光色好的优点,现在大量应用于景观照明。

(三)不同类别的光源特征

不同类别的光源特征,可见表 7-3。

表 7-3　不同类别的光源特征

类型	额定功率范围(W)	光效(1m/W)	平均寿命(h)	显色指数 Ra
白炽灯	10～100	6.5～19	1000	95～99
卤钨灯	500～2000	19.5～21	1500	95～99
荧光灯	6～125	25～67	2000～3000	70～80
荧光高压汞灯	50～1000	30～50	2500～5000	30～40
钠灯	250～400	90～100	3000	20～25
金属卤化物灯	400～1000	60～80	2000	65～85
氙灯	1500～100000	20～37	500～1000	90～94

附录

附录一：中山岐江公园设计案例①

中山岐江公园的场地原是中山著名的粤中造船厂，作为中山社会主义工业化发展的象征，它始于 20 世纪 50 年代初，终于 90 年代后期，几十年间，历经了新中国工业化进程艰辛而富有意义的历史沧桑。特定历史背景下，几代人艰苦的创业历程在这里沉淀为真实而弥足珍贵的城市记忆。为此，我们保留了那些刻写着真诚和壮美、但是早已被岁月侵蚀得面目全非的旧厂房和机器设备，并且用我们的崇敬和珍惜将它们重新幻化成富于生命的音符。

面对未来美丽的城市，这里的来龙去脉，属于劳动与创造者的人文灵光。这个项目由当时尚在初创阶段的广州土人承担施工任务。面对一个经典的设计，技术和质量上的要求已远不是最困难的事了，他们追求的是对精神与内涵的更为丰富的表现。本着同样的目标，工程与设计人员之间不断相互融合又相互征服，其中的诸多事件，使贯彻土人理念的路程充满历史意义，甚至就像作品本身一样，最终成为土人发展史上永远的经典。

附录二：明尼阿波利斯城市滨水设计案例①

自从明尼阿波利斯市建立以来，密西西比河就是它发展的动力。这个城市和它的滨水地区有非常丰厚的工业底蕴，从木材厂开始到后来的面粉厂。尽管该市的下游滨水区的发展取得巨大的成功，但上游滨水区却还有待再开发和设计。该地区所面临的挑战包括其工业基础逐渐衰退、原有大

---

① 在由明尼阿波利斯市公园与游憩委员会和公园基金会发起的设计竞赛中，土人设计和另外6个公司组成的团队为5.5英里的密西西比河沿岸滨水区再开发设计了该方案。该团队提议把景观作为生态基础设施和一种综合的工具来应对生态、社会、经济和文化的挑战，为目前被忽视的场地勾画出了21世纪新型景观和城市肌理的蓝图（经未来数十年才能完成）。

尺度基础设施将河流和周围的社区割裂开来等。

明尼阿波利斯城市滨水设计具有四个方面的挑战:

第一,生态修复。如何设计上游的滨水地区和周围的社区以重建健康的自然生态系统并最大限度地利用公园系统的生产力?如何适应未来全球气候变化的影响?我们如何才能发现一种能够反映并预测未来生活方式的新美学标准,在这种生活方式中,文化和人类活动过程能够适应自然环境的变化,并对其进行调解?

第二,社会公平。上游滨水区的社区,尤其是明尼阿波利斯北部地区的公园用地或其他休闲设施非常少。这种不公平混杂并加剧了其他社会挑战。那么我们如何通过该项目创造一个更加公平的社会环境,使明尼阿波利斯北部像该市其他地区一样成为整个城市的人都乐于前往的目的地?

第三,激活经济。上游滨水区大多商业用途与壮观的密西西比河无关。我们如何在恢复活力的河流廊道中加快发展更相关的新型产业?如何使投入的资金催生更广泛的经济活动和未来的商业活动?

第四,文化认同。明尼阿波利斯市曾是当地居民聚会和欧洲定居者进行毛皮、木材交易和储藏谷物的地方。随着明尼阿波利斯市人群的多元化,密西西比河仍能有助于汇集当今的居民吗?

该挑战具有三个应对的策略:

首先,建立生态基础设施。一个强大的城市公园体系是扎根在强健的可修复的自然中的。我们找出可利用的自然资源,设计一个保护和加强重要自然和文化过程的生态网络,这些过程包括可持续的交通、自然的雨水处理、城市农业和其他绿色基础设施。

其次,使城市生活回归河流。随着生态基础设施的发展,将城市生活在河流等自然资源周围重新定位,将这些资源与学校和房屋、工作和研究、艺术和商业集中在一起。所有这些都会提高经济稳定性、促进社会公平和加强文化认同。

最后,在发展中调整蓝图。该市管理者已经认识到,城市土地用途和建筑会随着城市的发展而改变,但基本的景观元素却会持续不变地提供生态服务。我们的规划和设计方案基于以上要点对未来五十年理想的城市发展进行了探索。

参考文献

[1]曲娟．园林设计．北京:中国轻工业出版社,2012

[2][美]巴里·W·斯塔克,约翰·O·西蒙兹著．景观设计学:场地规划与设计手册．朱强,俞孔坚,郭兰,黄丽玲译.北京:中国建筑工业出版社,2014

[3]朱小平,朱彤,朱丹．园林设计．北京:中国水利水电出版社,2012

[4]李静．园林概论．南京:东南大学出版社,2009

[5]李开然．园林设计．上海:上海人民美术出版社,2011

[6]王其钧．园林设计．北京:机械工业出版社,2008

[7]刘少宗．园林设计．北京:中国轻工业出版社,2008

[8]刘磊．园林设计初步．重庆:重庆大学出版社,2010

[9]田建林,杨海蓉．园林设计初步．北京:中国建材工业出版社,2010

[10]石宏义．园林设计初步．北京:中国林业出版社,2006

[11]张维妮．园林设计初步．北京:化学工业出版社,2010

[12]谷康．园林设计初步．南京:东南大学出版社,2003

[13]赵春仙,周涛．园林设计基础．北京:中国林业出版社,2006

[14]曹洪虎．园林规划设计．上海:上海交通大学出版社,2011

[15]王浩．园林规划设计．南京:东南大学出版社,2009

[16]刘福智．园林景观规划与设计．北京:机械工业出版社,2007

[17]许浩．景观设计:从构思到过程．北京:中国电力出版社,2010

[18]丁绍刚．风景园林概论．北京:中国建筑工业出版社,2008

[19]廖建军．园林景观设计基础．长沙:湖南大学出版社,2009

[20]阮仪三．江南古典私家园林．南京:译林出版社,2012

[21]孔德喜．图说中国私家园林．北京:中国人民大学出版社,2008

[22]曹林娣．中国园林艺术概论．北京:中国建筑工业出版社,2009

[23]陆楣．现代风景园林概论．西安:西安交通大学出版社,2007

[24]王兰,杨渝楠．园林景观设计赏析．北京:中国电力出版社,2011

[25]张青萍．园林建筑设计．南京:东南大学出版社,2010

[26]刘福智,孙晓刚．园林建筑设计．重庆:重庆大学出版社,2013

[27]俞孔坚．景观:文化、生态与感知．北京:科学出版社,2008

[28][美]桑德斯.设计生态学(俞孔坚的景观).俞孔坚等译．北京:中

国建筑工业出版社,2013

[29][美]里德著.园林景观设计——从概念到形式.郑淮兵译.北京:中国建筑工业出版社,2010

[30][英]布兰克著.园林景观构造及细部设计.罗福午等译.北京:中国建筑工业出版社,2002

[31] http://www.turenscape.com/project/project.php? id=453

[32] http://www.turenscape.com/project/project.php? id=71

[33]王进.传统园林景观元素分析.美与时代(上旬),2014,(06)

[34]纪旻.园林景观设计的几点心得.建筑科技与管理学术交流会论文集,2014

[35]吴晶晶.城市园林景观设计中水景的营造方法.中国园艺文摘,2014,(07)